JN312233

新・情報/通信システム工学
TKC-8

ネットワーク工学
インターネットとディジタル技術の基礎

江崎 浩

数理工学社

編者のことば

「情報」は物質,エネルギーと共に今日の社会を支える3大基本要素である.20世紀後半から技術革新により社会の情報化が進み,今日では「情報化社会」といわれるように,社会や個人生活における情報の果たす役割,依存度は増大している.特に電子化されて処理・加工,蓄積・共有,伝達,提示や利用される情報は急伸しており,それら電子化情報を扱う新技術は社会変革,産業構造変革の原動力になっている.

これらの核になるのがコンピュータ,情報通信ネットワーク,メディアの技術ということになる.

20世紀半ばに生まれたコンピュータは当初の素子は真空管であったが,トランジスタ,LSI,超 LSIとなり,高速大容量化を中心に長足の進歩を遂げてきている.今日ではスーパコンピュータ,大規模並列クラスタによるサーバコンピュータからパーソナルコンピュータ,さらにはあらゆる電子機器に組み込まれているマイクロコンピュータに至るまで,社会や我々の生活の隅々に浸透している.コンピュータではハードウェアと共に,基盤ソフトウェアおよび多彩な応用ソフトウェアの重要性が増してきている.

情報通信の歴史は古いが,電話網はその主要な位置を占めてきており,近年では携帯電話が進展している.一方,コンピュータ間を繋ぐネットワークであるインターネットは,1969年の米国 ARPA ネットに起源をもつが,1990年代に入り急速に普及し,電子メールや World Wide Web (WWW) など,新しい形態のコミュニケーション,情報伝達・共有のグローバルな基盤になってきている.コンピュータに今やこのインターネット接続は不可欠であり,コンピュータとインターネットは融合しつつある.インターネットではデータを細切れの宛先付きパケットとしてルータを介して伝送するが,これは高い汎用性をもち,電話音声や映像もインターネットでの伝送が進行している.

音声,画像,映像,そして3次元空間などのメディア情報の大部分もディジタル化されて,処理,加工,伝送,認識,生成等が行われる.そして,上記の

編者のことば

コンピュータやネットワークと結びつき,多彩に発展している.

本ライブラリはこのようなコンピュータ,情報通信ネットワーク,メディアの基礎技術に関する教科書として,東京大学工学部電子情報工学科の教員を中心に一部理学部情報理学科の教員他に執筆を依頼し,構成したものである.実際の授業に則して理解しやすい記述にすることを旨とした.ここに記される技術項目はそれぞれの領域の基礎となるものであり,発展,進化を続ける技術を理解し,さらにはその発展に関わり新技術を産み出すのに役立てていただきたい.

2007 年 5 月

編者　羽鳥光俊
青山友紀
石塚　満

「新・情報/通信システム工学」書目一覧	
1　ディジタル回路	7　通信理論
2　コンピュータアーキテクチャ	8　ネットワーク工学
3　データ構造とアルゴリズム	9　情報通信工学
4　プログラミング言語	10　信号処理
5　オペレーティングシステム	11　コンピュータグラフィクス
6　コンパイラ	12　システム工学の基礎

はじめに

　社会生活や産業活動を支えるに資する情報通信ネットワークの確立と構築は，すべての産業分野の情報化を用いた高度化と効率化に必須なものであることが，社会的にも一般的な事実として認識されてきました．その結果安心安全な情報通信ネットワークの構築に向けた科学技術と運用技術の確立が国家レベルでも最重要課題の一つとしてとらえられています．

　ディジタル情報処理技術とディジタルネットワーク技術を組み合わせることにより，1990年代後半に爆発的な成長を遂げたインターネットとはどのようなものか，再確認をしてみましょう．インターネットは，コンピュータをディジタル通信技術を用いて相互接続したものです．ディジタル情報の伝送や保存における技術的に重要な特徴は，メディア(通信媒体および記録媒体)に対して独立(Independent)な点にあります．その結果，コンピュータに選択可能な利用媒体を提供すれば，自由に利用する媒体を選択させることができます(自由度と選択性の提供)．ディジタル情報通信ネットワークの代表例であるインターネットは，以下のような特徴を持っています．

(1) オープンシステム (どこの会社の 技術/製品でも使えます)
(2) グローバルシステム(世界中どこからでも管理制御できます)
(3) 自由な情報流通(いろいろな目的に利用できます＝情報の中立性)
(4) ディジタル情報には "Semantics" がない(専用システムの呪縛が解けます)
(5) 媒体を選ばず(選択肢を増やしてくれます)

　これらの特徴から，インターネットは，

(a) 利用法 (Application) に依存しないインフラとなること
(b) 利用者 (User) を制限しないインフラになること
(c) 最新技術を用いたネットワーキング

はじめに

の実現に成功しました．これにより，インターネットは，人々が自由に利用可能な，排他性を持たない共用可能なグローバルなディジタル情報通信ネットワーク基盤を実現したものととらえることができます．

インターネットは，これまで三つの大きな波を経験してきました．そして，現在，「第4の波」と言われるブロードバンド化とユビキタス化の波を経験しつつあります．ブロードバンド化とは，広帯域の通信容量と常時接続を意味し，ユビキタス化とはセンサやアクチュエータなどを含めたいわゆるノンコンピュータ機器のインターネットシステムへの相互接続を意味しています．すなわち，ユビキタス環境では，家庭内の冷蔵庫やガスメータ，屋外の車や自動販売機，さらには販売店で販売される商品，ペットや人間が身に付けるディジタル機器，さらにセンサなどの微小デバイスがインターネットに接続されます．インターネットはもともと，ある業務や作業の効率化や支援を行うための計算処理を遠隔に存在する高価な計算機を用いて実行することを目的として研究開発されたものでした．しかし，インターネットは，いくつかの発展段階を経て，すべてのディジタルデバイスを相互接続するユビキタスネットワーク環境へと進展しようとしています．このようなディジタルネットワーク環境においては，(ディジタル) 情報に関する，生成，取得，伝達，分析，加工，共有の6つの過程から，人々や組織の活動の効率化や高機能化を目指す方向性が推進されつつあります．

一方では，NGN (Next Generation Network) と呼ばれる，インターネット技術を用いた既存の有線および無線の情報通信ネットワークの再構築と統合化に向けた研究開発が推進されています．既に，インターネットを用いた，通信と放送の融合が，急速に進展しています．ピア・ツー・ピア技術を用いた音楽や映像ファイルの共有や配信，YouTube や Gyao に代表される放送時間に拘束されない放送番組の視聴などが，一般化しつつあり，これまで，サービスごとに個別に構築され，ビジネス展開を行っていたネットワークが，ディジタル技術を用いて，急速に統合化しようとしています．

本書では，このような激変するディジタルネットワークを構成する要素技術とアーキテクチャの本質を習得・理解することを目的としています．

第1章では，情報通信ネットワークの基本概念を理解するために通信インスタンスの抽象化の意味とディジタル化の意味，さらにオープンシステムの技術

的な意味を解説しています．第2章では，ネットワークアーキテクチャを，5つの視点から整理するとともに，大規模化手法のフレームワークの整理を行い，放送・電話・インターネットを例にとり比較を行っています．第3章から第6章では，各層ごと(物理/リンク層，ネットワーク層，トランスポート層，ディレクトリシステム)の解説を行っています．第7章と第8章では，インターネットを用いた代表的なサービスアプリケーションであるコミュニケーションツールとWebシステムの解説を行っています．第9章および第10章では，情報通信ネットワークに新しいイノベーションを起こしつつあるピア・ツー・ピアシステムとモバイルシステムの解説を行っています．第11章では安心安全な情報通信ネットワークの構築と運用に必須となるセキュリティ技術の解説を行い，さらに第12章では情報通信ネットワーク技術の標準化とその運用に必要なグローバル規模でのガバナンス(統治)の構造に関する解説を行います．最後に，第13章では，実際の情報通信ネットワークの構築と運用に必要な最低限の設定と運用ツールの解説を行っています．

2007年4月

江崎　浩

目　　次

第 1 章　情報通信ネットワークの基本理念　　1
1.1　通信インスタンスの抽象化と定義 …………………………… 2
1.2　情報通信におけるディジタル化の意味 ……………………… 4
1.3　通信方式 ………………………………………………………… 13
1.4　オープンシステムとプロトコル ……………………………… 16

第 2 章　ネットワークアーキテクチャ　　23
2.1　クライアント・サーバとピア・ツー・ピア ………………… 24
　コラム　マルチキャスト通信 …………………………………… 27
2.2　エンドツーエンドアーキテクチャ型と
　　　ゲートウェイ型アーキテクチャ …………………………… 29
2.3　オーバレイモデルとピアモデル ……………………………… 31
2.4　ベストエフォート型サービスと保証型サービス …………… 34
2.5　ハードステートとソフトステート …………………………… 35
2.6　放送，電話，インターネットの比較 ………………………… 38
2.7　階層化と回帰的定義によるスケールフリーシステムの実現 …… 40
2.8　処理負荷の分散手法 …………………………………………… 42

第 3 章　ネットワーク層の基本機能　　47
3.1　ネットワーク層の基本機能 …………………………………… 48
3.2　インターネットプロトコル：IP ……………………………… 49
3.3　IP アドレスに基づいた処理 …………………………………… 55
3.4　インターネット管理制御プロトコル：ICMP ………………… 56
3.5　経路制御 ………………………………………………………… 57
　　3.5.1　経路制御の概要 ………………………………………… 57

目次

- 3.5.2 経路制御プロトコルの具体例 ………………………… 58
  - 3.5.2.1 ユニキャストルーティング ……………………… 58
  - 3.5.2.2 マルチキャストルーティング ……………………… 60
- 3.5.3 NAT 機能 ……………………………………………… 62
- 3.6 その他の機能群 ……………………………………………… 64
  - 3.6.1 トンネリング機能 ……………………………………… 64
  - 3.6.2 PPP 機能 ……………………………………………… 64
  - 3.6.3 ARP（アドレス解決）機能 …………………………… 65
  - 3.6.4 アドレス発見機能 ……………………………………… 66
  - 3.6.5 IPSec 機能 …………………………………………… 67

第4章 トランスポート層　　　　　　　　　　　　　　　　69

- 4.1 トランスポート層の役割 …………………………………… 70
  - 4.1.1 ソケット API ………………………………………… 70
  - 4.1.2 エンド-エンドでのデータ通信 ……………………… 71
- 4.2 TCP (Transmission Control Protocol) ……………………… 72
  - 4.2.1 コネクション管理 ……………………………………… 72
  - 4.2.2 フロー制御 …………………………………………… 77
  - 4.2.3 再送制御 ……………………………………………… 81
- 4.3 TCP における拡張機能群 ………………………………… 83
  - 4.3.1 パス MTU 検索 ……………………………………… 83
  - 4.3.2 ウィンドウ拡大オプション ………………………… 83
  - 4.3.3 トランズアクション TCP …………………………… 84
  - 4.3.4 Differentiated Service ………………………………… 85
- 4.4 マルチメディア対応トランスポートプロトコル …………… 86
  - 4.4.1 UDP …………………………………………………… 86
  - 4.4.2 RTP …………………………………………………… 86

目　次　　　　　　　　　　　　　ix

第5章　ディレクトリサービスとシグナリング　　91
- 5.1　ディレクトリサービスの概念 …………………………………… 92
- コラム　レポジトリとレジストリ ………………………………… 93
- 5.2　DNS システム ………………………………………………… 94
- 5.3　ポリシー制御へのディレクトリサービスの応用 ……………… 98
- 5.4　SIP システムと IP 電話サービス ……………………………… 99
- 5.5　シグナリング …………………………………………………… 101
- 5.6　シグナリングサービスの具体例 ……………………………… 102
  - 5.6.1　電話システムにおけるシグナリング ……………………… 102
  - 5.6.2　MPLS ……………………………………………………… 103
  - 5.6.3　RSVP ……………………………………………………… 104

第6章　データリンク・物理層　　109
- 6.1　物理/データリンク層の基礎技術 ……………………………… 110
- 6.2　物理伝送媒体 …………………………………………………… 111
- 6.3　伝送方式 ………………………………………………………… 112
- 6.4　同期方式 ………………………………………………………… 116
- 6.5　多重化方式 ……………………………………………………… 117
- コラム　空間多重と周波数多重の関係 …………………………… 119
- 6.6　アクセス制御方式 ……………………………………………… 120
- 6.7　データリンクの形態 …………………………………………… 121
- 6.8　誤り訂正方式 …………………………………………………… 122
- 6.9　フレーム伝送制御方式 ………………………………………… 123

第7章　コミュニケーションツール　　125
- 7.1　電子メールシステム …………………………………………… 126
  - 7.1.1　電子メールシステムの概要 ………………………………… 126
  - 7.1.2　電子メールシステムのメカニズム ………………………… 127
  - 7.1.3　電子メールシステムの拡張 ………………………………… 129
- コラム　SPAM …………………………………………………… 131

7.2 その他のコミュニケーションツール ………………………………… 132
 7.2.1 ネットニュース ………………………………………………… 132
 7.2.2 BBS (Bulletin Board System) ………………………………… 132
 7.2.3 IRC (Internet Relay Chat) …………………………………… 132
 7.2.4 インターネット電話 …………………………………………… 133
 7.2.5 動画通信 ………………………………………………………… 134
 7.2.6 SNS (Social Networking Service) …………………………… 134
7.3 クロスメディア通信の可能性と必要性 …………………………… 136

第8章 Webシステム 139

8.1 WWW から Web システムへ ……………………………………… 140
8.2 WWW の仕組み …………………………………………………… 141
 8.2.1 WWW の歴史 ………………………………………………… 141
 8.2.2 WWW の仕組み ……………………………………………… 142
8.3 URL ………………………………………………………………… 144
8.4 Web ブラウザの構成 ……………………………………………… 145
8.5 マークアップ言語 ………………………………………………… 147
 8.5.1 マークアップ言語の起源 …………………………………… 147
 8.5.2 HTML 言語 …………………………………………………… 149
 8.5.3 XML 言語 ……………………………………………………… 149
8.6 大規模 Web サーバの構築 ………………………………………… 151
 8.6.1 Web サーバの処理能力向上の必要性 ……………………… 151
 8.6.2 Web サーバにおける処理能力向上手法 …………………… 151
  8.6.2.1 サーバ単体の処理能力の向上手法 ……………… 152
  8.6.2.2 複数のサーバを利用した処理能力の向上手法 … 153
8.7 CDN (Contents Delivery Network) ……………………………… 156

第9章 ピア・ツー・ピアシステム 161

9.1 ピア・ツー・ピアシステム と クライアント・サーバシステム … 162
9.2 ピア・ツー・ピアシステムの進化 ………………………………… 164
 9.2.1 第1世代のピア・ツー・ピアシステム …………………… 164

	9.2.2	第2世代のピア・ツー・ピアシステム ………………… 165
	9.2.3	第3世代のピア・ツー・ピアシステム ………………… 168
9.3		DHT (Distributed Hash Table) 技術 ………………………… 170
9.4		CDNシステムと第3世代ピア・ツー・ピアシステム ………… 172
9.5		ピア・ツー・ピアシステムとオーバレイシステム ……………… 173

第10章 モバイルシステム　　177

- 10.1 公衆リモートアクセス/Nomadic 接続 ………………………… 178
  - 10.1.1 公衆ネットワークサービス (Public Network Service) … 178
  - 10.1.2 Radius ………………………………………………………… 179
  - 10.1.3 PPPとPPOE (L2 over L3) ………………………………… 180
  - 10.1.4 IMS (IP Multimedia Subsystem) ………………………… 181
  - 10.1.5 公衆プロバイダ間におけるローミングサービス ………… 183
  - 10.1.6 モバイルIP (MIP；Mobile IP) …………………………… 183
- 10.2 (私的) 閉域ネットワークサービス (Private Network Service) …… 187
  - 10.2.1 (私的) 閉域ネットワークサービスの概要 ………………… 187
  - 10.2.2 ダイヤルアップ型VPN …………………………………… 188
  - 10.2.3 インターネットVPN (オーバレイ型VPN) ……………… 188
- 10.3 モバイル通信 …………………………………………………………191

第11章 セキュリティ　　193

- 11.1 セキュリティ対策の必要性と概要 ………………………………… 194
- コラム　ハッカーとクラッカー ………………………………………… 196
- 11.2 セキュリティ要素技術 ……………………………………………… 197
  - 11.2.1 ファイアウォール技術 …………………………………… 197
  - 11.2.2 暗号化および認証技術基盤 ……………………………… 198

第12章 ガバナンス　　203

- 12.1 情報の管理と利用に関わる権利と義務 ……………………………204
  - 12.1.1 著作権を伴う情報の管理 ………………………………… 204
  - 12.1.2 クリエイティブコモンズ ………………………………… 205

12.1.3　ネットワークの中立性 ………………………………… 206
　コラム　研究開発倫理 ……………………………………………… 207
　12.2　技術標準化 ………………………………………………… 208
　　　12.2.1　技術標準化の目的と推進形態 ………………………… 208
　　　12.2.2　デ・ジュール標準化組織の具体例 …………………… 209
　　　12.2.3　デ・ファクト標準化組織の具体例 …………………… 211
　　　12.2.4　技術標準化組織の課題 ………………………………… 212

第13章　システムの設定と運用管理　　　　　　　　　　　215

　13.1　システム設定 ……………………………………………… 216
　　　13.1.1　IPアドレスの取得 ……………………………………… 216
　　　13.1.2　ネットワークインタフェースの設定 ………………… 216
　　　13.1.3　DHCPサーバの設定 …………………………………… 216
　　　13.1.4　経路制御の設定 ………………………………………… 218
　　　13.1.5　DNSサーバの設定 ……………………………………… 219
　　　13.1.6　メールサーバの設定 …………………………………… 219
　　　13.1.7　Web/FTPサーバの設定 ………………………………… 219
　　　13.1.8　セキュリティ機能の設定 ……………………………… 219
　13.2　ネットワーク管理システム ……………………………… 222
　　　13.2.1　ネットワーク管理の役割 ……………………………… 222
　　　13.2.2　ネットワーク管理システムの構成 …………………… 222
　13.3　トラブルシューティング ………………………………… 224
　　　13.3.1　トラブルシュートのプロセス ………………………… 224
　　　13.3.2　診断ツール ……………………………………………… 225

用語の定義と説明 ……………………………………………… 229

索　引 …………………………………………………………… 235

1 情報通信ネットワークの基本理念

　本章では，ネットワーク上での情報通信を実現させるために必要な，階層化と回帰的なシステム構造の定義とシステムの抽象化の概念を理解し，情報通信におけるディジタル化の意味と効用を理解する．オープンシステムの必要性とその効用，オープンシステムを定義するフレームワークである層構造の概念を理解する．

1章で学ぶキーワード
- インタフェース
- オープンシステム
- ディジタル化
- 通信方式
- 通信プロトコル
- 層構造

1.1 通信インスタンスの抽象化と定義

"ネットワークのネットワーク"といわれるインターネットの普及により，誰もが興味や仕事を通してさまざまな情報を交換することが可能な国境のない地球規模のディジタル情報通信ネットワークが形成された．

通信システムの役割は，情報に関する6つの機能を実現するために，情報を送信する「もの」(これをインスタンス (instance；実体) と呼ぶ) から，情報を受信する「もの」に伝送・転送する機能を提供することにある．情報の送信と受信を行う「もの」は，コンピュータや携帯電話，あるいは電話局に存在する電話交換機のようなハードウェアとソフトウェアから構成された情報通信機器ばかりではなく，むしろ，情報通信機器を構成するハードウェアモジュール装置 (グラフィックカードや USB ケーブルで接続されたカメラモジュールなど) や，ソフトウェアモジュール，さらには，情報通信機器上で仮想的に生成される抽象的なインスタンス (たとえば，スレッドなど) をも含むことに注意が必要である．

情報に関する6つの機能とは，生成，取得，伝達，分析，加工，共有である．本書では，この6つの機能のうちの一つである，「情報の伝達」を実現するシステムの全体像を把握することを目的としている．

ネットワーク上に存在するインスタンスの間でのデータ通信を実現するためには，以下の三つが必要となる．

(1) 通信インスタンスの抽象化 (＝通信インスタンスをどのように定義し表現するか)
(2) 通信作法 (＝**通信プロトコル**) の共通化
(3) 通信作法上で交換される情報の共通化された定義・表現手法の共通化

抽象化された通信インスタンスは，ISO (International Organization for Standardization, http://www.iso.org/) や ITU (International Telecommunication Union, http://www.itu.int/) においては SAP (Service Access Point，サービスアクセスポイント)，UNIX システムなどのコンピュータシステムでは API (Application Interface，アプリケーションインタフェース) とよぶ．また，通信インスタンスの定義手法は，きわめて柔軟的であり，再帰的な定義や，階層的

な定義を行うことが可能である．再帰的で階層的な通信インスタンスの定義を行うことで，**スケールフリー**な通信インスタンスの定義が可能となる．なお，「**スケールフリー**」とは，システムの規模に依存せずに管理すべき情報量や処理量が増大しない (= NP Complete とはならない) 性質を意味する．

図 1-1 に，ネットワーク機器の再帰的かつ階層的な定義の概念図を示した．ネットワークは，"**ノード**"とノード間を接続する"**リンク**"の集合と定義される．しかし，"ネットワーク"を"ノード"と定義し，ネットワーク同士がリンクで接続された形態は，"ノード"を"リンク"で接続した形態に抽象化することができる．これは，ネットワーク ("ノード"と"リンク"の集合体) を再帰的 (recursive) に定義していることに等しい．このようにして，巨大で複雑なシステムも，スケールフリーにシステムの記述と定義を行うことが可能となる．

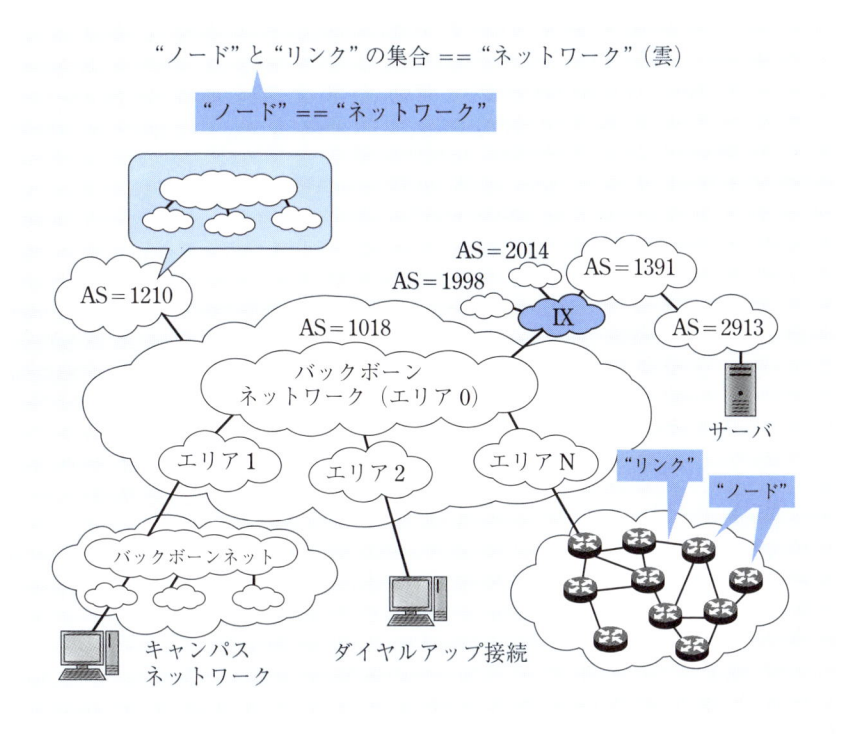

図 1-1 ネットワークの再帰的定義の概念図

1.2　情報通信におけるディジタル化の意味

　ディジタル通信とは，広義にとらえれば，「共通の抽象化されたオブジェクトの定義と共有」と考えることができよう．そういう意味において，人類は，以下に示すような「革命」をディジタル化に関して経験してきた．

1. 言語の発明
2. 文字の発明
3. 紙の発明
4. 印刷の発明
5. ディジタルサンプリング (e.g. シャノン (Shannon) の定理) の発明
6. ディジタル伝送の発明

　「言語」は，人類が最初に発明した「ディジタル化」ともいえよう．人々の間で，インスタンス (物だけではなく行動や感情など物理的には存在しないものも含む) を，人々の間で共通に示す識別子 (名前) を定義し，これらの状態や関係あるいは動作などを示すための「言語」を定義した．これは，インスタンスのディジタル化であり抽象化ととらえることができる．すなわち，「言語」は，それまで，アナログで存在していたものを「ディジタル化」あるいは「抽象化」した最初の発明である．「言語」の持つ特徴を詳細に分析すれば，ディジタル化とディジタル通信の本質をほぼ正確に理解できるであろう．図 1-2 に，言語のアナログ伝送の様子を示した．言語は，ヒトの脳における神経の興奮状態から形成される意識を，「言葉」というディジタル情報というインスタンスに写像したものと考えることができる．ヒトの脳神経の興奮状態は，複数のヒトの間では共有することができないので，これらの間で共通に参照/利用可能な抽象化された「言葉」が発明された．抽象化された「言語」は，コミュニケーションを行うヒトの間で，共通の「意味」と「脳神経の興奮状態との写像関係」が存在する必要がある．これらの共通性が存在しないと，コミュニケーションが成立しない，あるいは，同じ「言葉」でも異なる「写像」により誤解が生ずる．前者は，日本語とフランス語では，単語などの言語の定義が異なり，したがって，コミュニケーションが成立しない．後者は，たとえば，「今夜は楽しかったわ」が，女性にとっては「婉曲なお断り」を意味するのに，男性に

とっては文字どおり「楽しかった」と解釈されるなどに対応する．

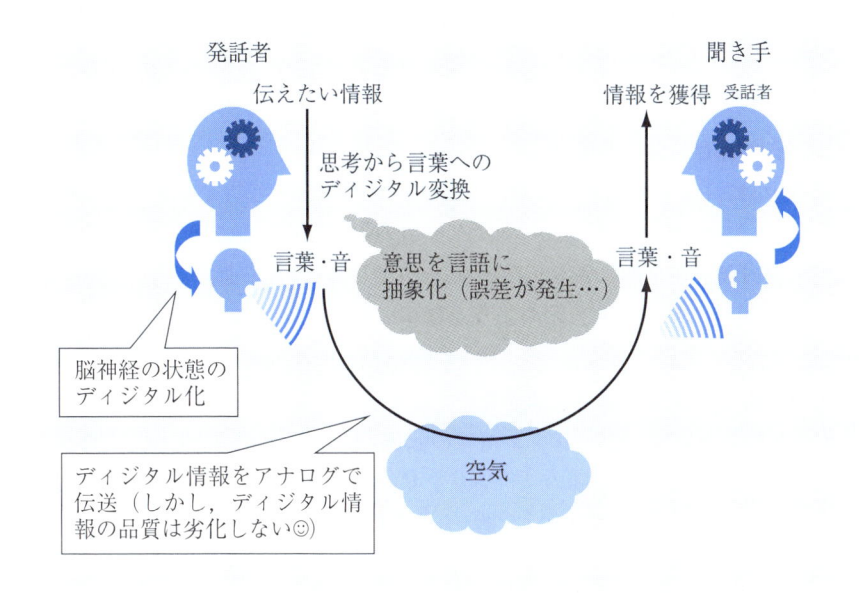

図1-2 言語（ディジタル情報）のアナログ伝達

「言語」は，ディジタル情報であるので，ディジタル情報の特性である「誤りのない複製/伝達」「自律的誤り訂正」，「伝達/保存媒体に非依存」の三つの特性を全て持ち合わせている．

(1) 誤りのない複製/伝達

言語は何度も伝達/保存/複製されても，その品質が劣化することはない．アナログの音は，伝送や複製により劣化（S/N比の劣化）してしまう．しかし，アナログの音は，「言語」という「ディジタル情報」を伝達する「媒体」ととらえることができ，「言語」はS/N比の劣化なく，何度も伝達/保存/複製を行うことができる．

(2) 自律的誤り訂正

アナログの音の品質が良好でない場合でも，ヒトは，自動的に，「音」で伝送される「言語」を抽出し，ディジタル情報である「言語」を認識する．ヒト

は，聞き取りにくい言葉でも，自身の言語辞書をもとに，伝送された「言葉」を自動的にかつ自律的に再現/再生している．すなわち，ディジタル通信においては，誤りが伝送/保存媒体で発生しても，これを，訂正し，誤りなく再利用することを可能としている．

(3) 伝達/保存媒体に非依存

「言葉」は，「音」の高さ，スピードに依存せずに伝達可能である（＝話者を選ばない）．さらに，スピーカとマイクを用いることも可能である．さらに，「文字」と「紙」の発明により，「音」ばかりではなく，「壁面」でも，「紙」でも，「磁気記憶装置」でも，どのような媒体でも，伝達することが可能となったととらえることができる．ディジタル通信は，伝達/保存媒体に非依存であるが，伝達/保存媒体の通信品質特性が，上記（自律的）誤り訂正の能力以上に不良である場合には，ディジタル情報の伝達/保存が不可能になる．これは，「静かな講義では良好に講師の「言葉」を認識できるが，雑音レベルが非常に高いパーティにおいては相手の「言葉」を聞き取れない」という事例に等しい．

(注)「言葉」が雑音により聞き取れない場合には，(1) 雑音強度を下げる（周りを静かにさせるなど），(2) 耳の志向性を向上させる（手を使って集音効率を向上させるなど），(3) 信号強度を上げる（大きな声にする，あるいは，話者が近づくなど），(4) 別の媒体を用いる（メモを使うなど）などの手法が適用される．これらは，第6章で議論するデータリンク・物理層における通信品質向上を実現するために一般的にとられる手法である．

図 1-3 から図 1-6 に，歌の伝送方式の変遷を示した．図 1-3 は，伝送すべきディジタル情報（＝歌詞と楽譜）を音に声帯を用いて音波に変換し，これを，空気（＝通信媒体）を用いて聞き手の耳に伝達，音波は鼓膜の振動に変換され聞き手の脳神経を刺激し，「歌」を聴く．聞き手は，「歌」から歌詞と楽譜を再生することが可能である．このように，考えると，図 1-3 は，ディジタル情報である歌詞と楽譜が，アナログ媒体を用いて，歌手から聴き手に伝達されているととらえることができる．伝送媒体である空気，鼓膜，声帯の状態が不良である場合，あるいは空気を伝播する距離が長い場合には，伝送路の S/N 比（伝送したい信号の強度と雑音強度の比率）が劣化し，聴き手の脳神経に到達する

1.2 情報通信におけるディジタル化の意味

情報の品質は劣化するが，アナログ－ディジタル変換（音→歌詞＋楽譜）によって，誤りのない（＝品質劣化のない）歌詞と楽譜の伝送が実現される．S/N比が非常に悪い場合には，歌詞と楽譜の再生が不能となる．

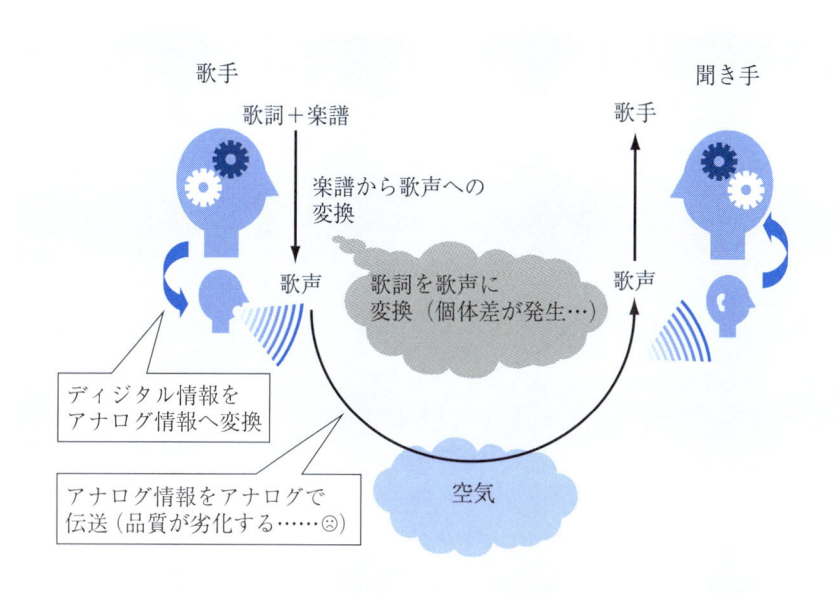

図 1-3 歌の「空気」を用いたアナログ伝送

空気を伝送媒体とすると，遠くに伝達するほど S/N 比が極端に劣化したりするのを防ぐために，電気信号を用いた音の伝送を行うのが一般的である．マイクとスピーカの導入である．図 1-4 に示したのが，アナログ電気信号による歌の伝送である．音というアナログ情報の伝送を，空気よりもより伝送機能の高い電気に取り替えたととらえることができる．

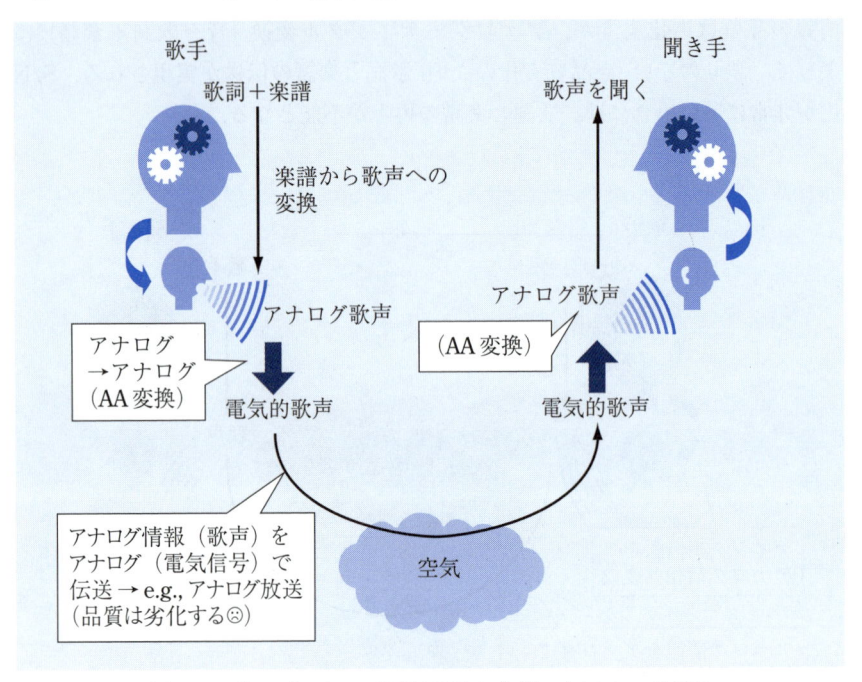

図1-4 歌の「アナログ電気信号」を用いたアナログ伝送

　図1-5は，電気信号による音の伝送を，アナログからディジタルに取り替えた形態である．アナログ電気信号は，音の品質劣化を発生させるが，ディジタル電気信号を用いることで，送信元と受信元で，まったく同一品質の音を伝達することが可能となる．ディジタル伝送による，品質劣化の防止である．最後に，図1-6に，**MIDI** (Musical Instrument Digital Interface) を用いた歌の伝送を示した．歌手が，ディジタル情報である歌詞と楽譜をアナログに変換するプロセスを行わず，ネットワークを介して，直接，歌詞と楽譜のディジタル情報を聴き手に伝送し，聴き手側で，シンセサイザーなどを用いてアナログの音を生成する形態である．アナログ伝送は，聴き手での音の再生の部分のみとなる．図1-6のシステムは携帯電話における着メロに対応し，図1-5は**着歌**に相当する．図1-6のシステムにおいては，音楽の調子（トーン）や速度（テンポ）あるいは，楽器および歌手を自由に選択変更することが可能となる．

　アナログ伝送の典型的な例としては，ラジオ放送とテレビ放送が挙げられる．

1.2 情報通信におけるディジタル化の意味

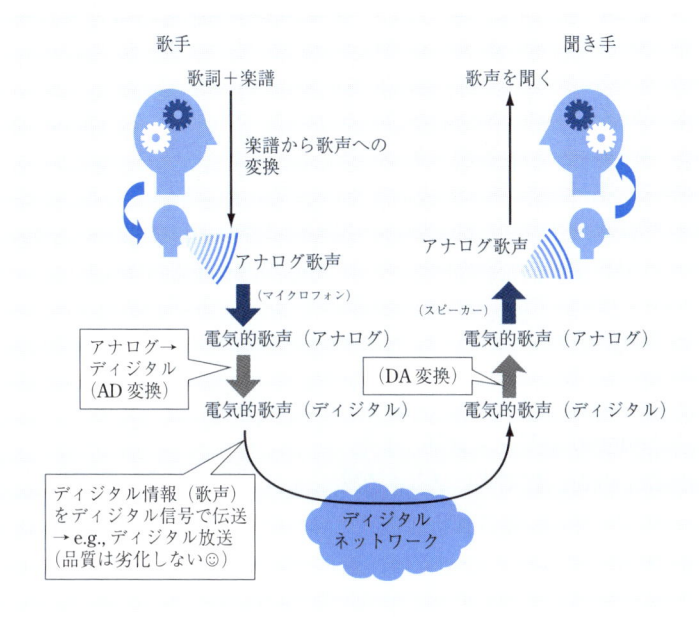

図 1-5 歌の「ディジタル電気信号」を用いたディジタル伝送

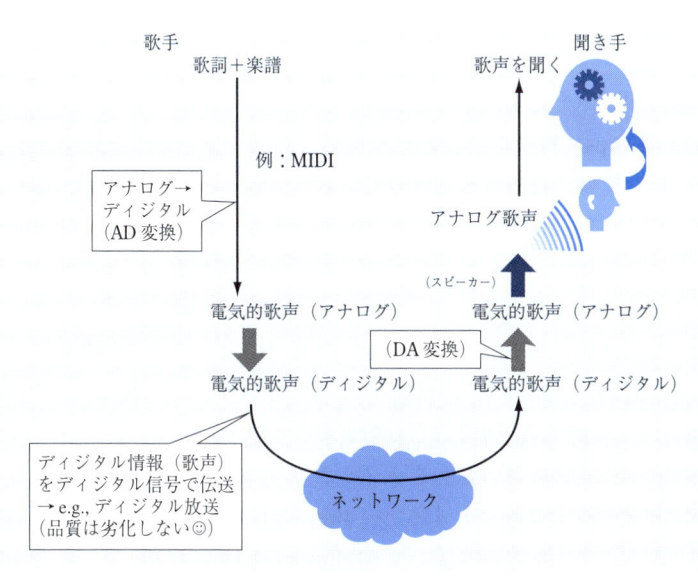

図 1-6 「ディジタルの」歌の「ディジタル電気信号」を用いたディジタル伝送

電話も古くはアナログ伝送を用いていたが，最近の電話システムにおいては，加入者の電話機と電話会社の局舎との間のみがアナログ伝送で，電話会社の内部のネットワークは，ほぼ全てディジタル伝送となっている．一方，ディジタル伝送では，伝送したい情報を一定周期（＝**サンプリング周期**と呼ぶ）でサンプリング（標本抽出）し，これをディジタル値（数値）で表現し，このディジタル値を伝送している．サンプリング値の表現方法は離散的に表現され，その標本粒度は，サンプリング値を表現するビット長で決定される．通常は，バイナリ（Binary；"0"と"1"の2値表現）で定義され，2のべき乗でその標本の粒度が変化する（図1-7参照）．たとえば，8ビットサンプリングでは，測定値を，2^8（= 256）の値に標本化することになる．また，本書では解説を行わないが，**シャノン (Shannon) のサンプリング定理**により，ディジタル化されるアナログ信号の2倍以上の周波数でサンプリングを行えば，サンプリングされたディジタル値から，ディジタル化される前のアナログ信号を完全な形で再現可能であることが証明されている．たとえば，音声は，20Hzから20KHzの周波数帯域を持つアナログ信号である．したがって，40kHz以上のサンプリング周期でサンプリングを行えば，完全にディジタル化前の信号（音声）を再現することが可能となる．たとえば，8ビットでサンプリング値を表現する（256値）と，320Kビット/秒（= 40K × 8ビット）の速度でディジタル情報を生成することができれば，源音声を完全に品質劣化なく再現することができる．なお，電話においては64Kbps，携帯電話においては種々の情報圧縮技術を適用することによって，現在では，4Kbpsで音声の伝送を実現している．

　ここで，図1-6のMIDIによるディジタル伝送と，図1-5に示したディジタル伝送における情報伝達効率を比較してみる．"ソ"の高さの"あ"という音を伝送することを考える．音の高さは，8ビットで表現されるとする（ピアノの鍵盤の数は256以下である）．日本語は2バイト（16ビット）で表現することができるので，MIDIでは，"ソ"の高さの"あ"という音は，24ビット（8ビット＋16ビット）程度で表現することができることが分かる．一方，"ソ"の高さの"あ"という「アナログの音」をディジタル化することを考える．"あ"という音の長さを100ミリ秒だとすると，4kbps×0.1秒 = 400ビット程度で表現することができる（通常の電話では64kbps×0.1秒 = 6,400ビットとなる）．すなわち，MIDIを用いたシステムは，アナログの音声をディジタル化して伝

1.2 情報通信におけるディジタル化の意味

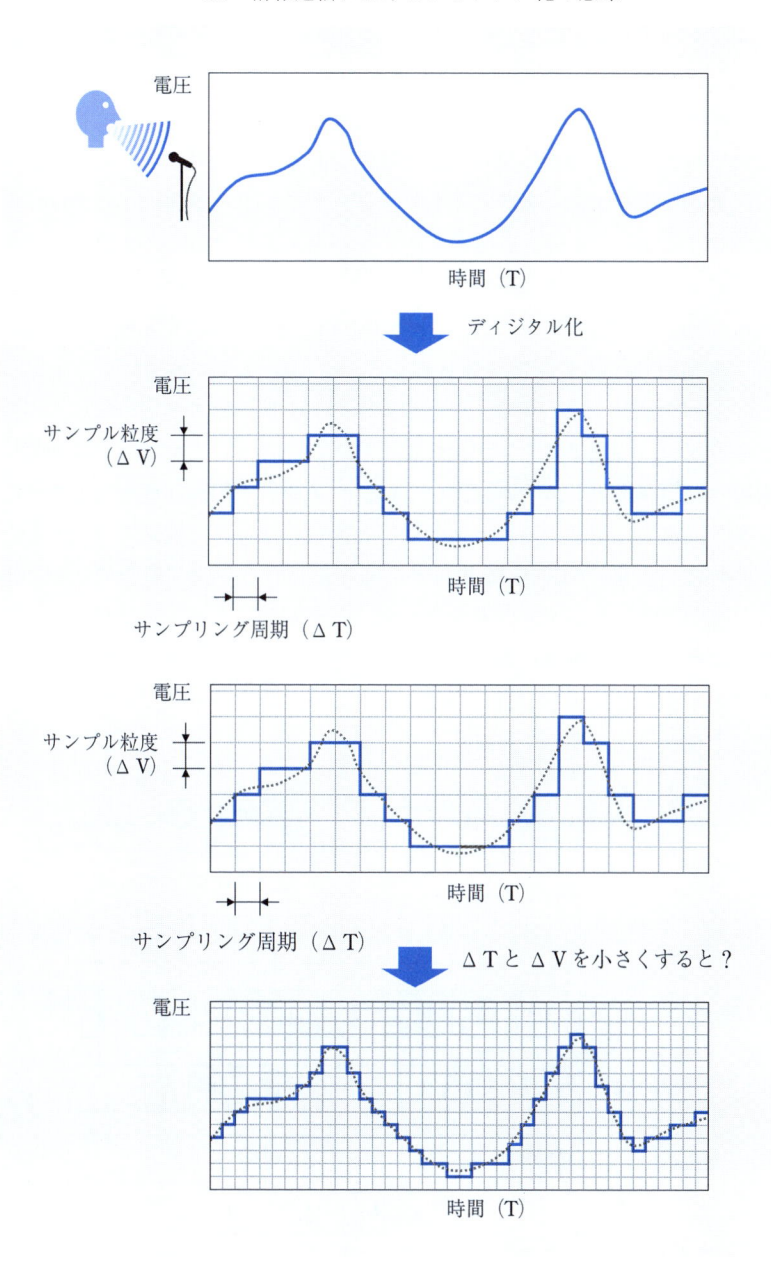

図1-7 アナログ信号のディジタルサンプリング

送するシステムの約 0.5％ のビット数で，同一の情報を伝送可能であることが分かる．同様の計算を，携帯メールと携帯での通話で比較してみると，電子メール（＝ディジタルで表現された文字の伝送）が，音声通話と比較して，いかに少ないビット数で，同一の情報を伝達可能であるかが理解できるであろう．

次に，ディジタル伝送システムにおいては，ディジタル情報の伝送速度を増加させることにより，より大容量のデータ伝送を可能にすることができる．あるメディア（たとえば音）を伝送するためには，8 ビットサンプリングであれば，320Kbps の速度でディジタル伝送を行えばよい（図 1-8（1）を参照）．ここで，ディジタル情報の伝送速度を増加させると，どのようなことがおこるであろう？　図 1-8 の（2）および（3）が示すように，本来伝送すべき情報以外の情報を伝送可能な，時間スロットが現れてくる．このように，ディジタル通信技術を適用した情報通信システムにおいては，ディジタル伝送速度を向上させることにより，本来，伝送するべき情報以外の情報の伝送を可能にすることができる．これは，本来，64Kbps を単位とする電話信号を伝送するために設計構築された電話システムがディジタル化され，音声がディジタル信号を用いて伝送されるようになった環境において，（ディジタル）伝送・交換システムの処理速度が向上することにより，音声通信よりもより大きな容量のディジタル情報の伝送・交換が可能になることを示している．

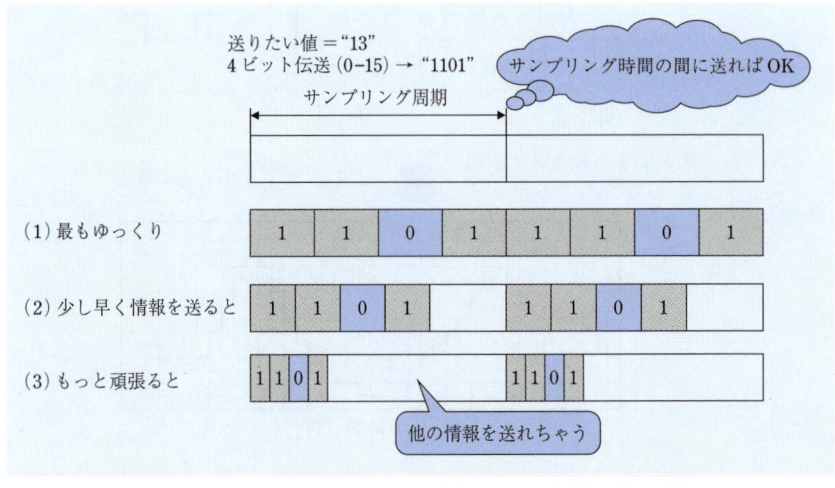

図 1-8　ディジタル伝送速度の増加による伝送容量の増加

1.3 通信方式

情報通信機器を相互接続する方法は，以下の三つの手法であり，基本的には，これら三つの接続手段を組み合わせて，複雑で巨大な情報システムが構成される．

手法1：恒久的な線を準備する：放送，チャネル，ケーブル
手法2：必要なときに(仮想的な)線を準備する：電話，(古い)パケット通信
手法3：データを小包にして送る：インターネット

当然ながら，手法2を手法1で構成されるシステム上で実現したり，手法3を手法1で構成されるシステムで実現したりすることも可能である．また，手法1を手法3のシステム上で実現することも不可能ではない．

一般的に，手法3，手法2，手法1の順番に，システム資源の利用効率が劣化することになる．しかし，逆に，手法1，手法2，手法3の順番にデータ伝送における誤りが発生する確率は増加することになる．なお，インターネットにおいては，動的経路制御技術の適用により，手法3を適用しているにも関わらず，場合によっては，手法1や手法2よりも低い誤り発生確率を実現することができることも，よく知られている．

手法1の典型的な大規模ネットワークとしては，「**放送**」が挙げられる（図1-9参照）．放送では，すべての情報は，受信インスタンスに伝送され，受信イン

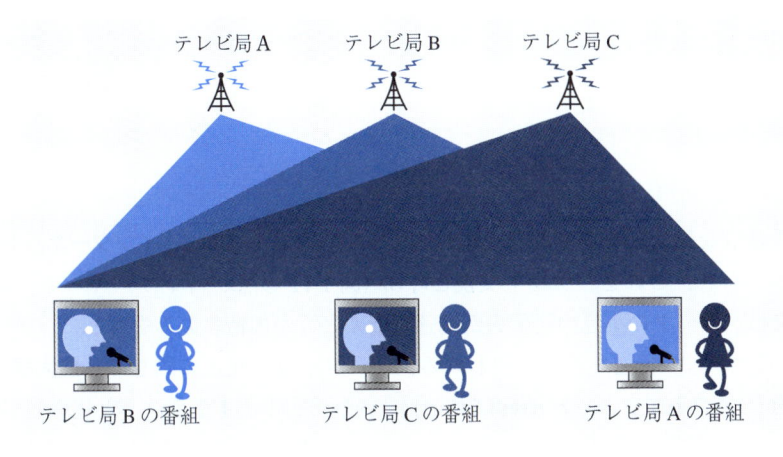

図1-9 手法1：放送

スタンスが必要な情報のみをアプリケーションに転送する．データを受信する可能性のある受信ノードすべてにデータが伝送され，受信ノードが自律的に必要なデータの受信あるいは廃棄の判断を行う．ある意味，SPAMメール（迷惑メール）と同様のシステムととらえることができる．本手法においては，送信ノードが情報を伝送する際に，あらかじめ受信ノードを特定する必要がなく，したがって，手法2や手法3において必要となる受信ノードの特定手順が不要となる．

手法2の典型的大規模ネットワークとしては，「**電話**」が挙げられ，これを回線交換と呼ぶ（図1-10参照）．電話では，実際の通信を行う前に，シグナリング（第2章において解説を行う）と呼ばれる手順が実行され，専用の線が用意される．この「専用の線」は，仮想的な専用の線でも，空間的に専用の線でも構わない．シグナリング手順により，専用の線が確保・確立された後は，透明（＝ Transparent）で高品質な通信が，通信インスタンスの間に提供される．逆に，専用の線が確保できなかった場合には，通信を行うことができないことになってしまう．

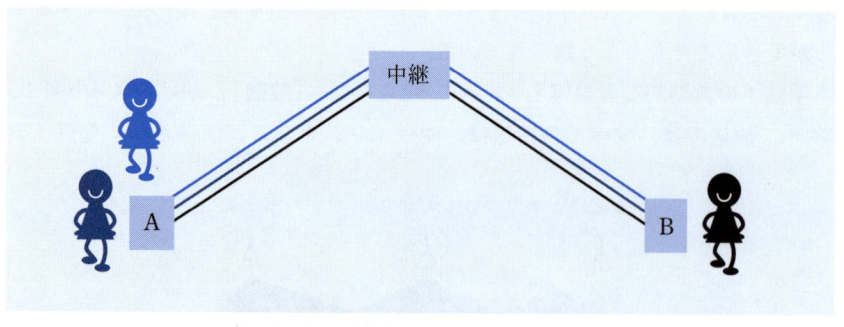

図1-10　手法2：回線交換

手法3を適用した典型的な大規模ネットワークとしては，「**インターネット**」が挙げられ，これをパケット交換と呼ぶ（図1-11参照）．インターネットにおいては，データの小包の送信先が到達可能かどうかの情報のみをもとに，データ小包の発送/転送を行う．いわゆる，データ小包の配送に関して「**最大限の努力（＝ベストエフォート（Best Effort））**」を行う．手法1や手法2と比較して，データの伝送品質が低くなってしまうといわれる場合が多いが，小包が

「ディジタル情報」であるために，伝送媒体に関する依存性がなく，その結果，システムの障害に対する伝送品質は，かえって高くなる場合が多く存在することに注意が必要である．

手法3が，システム障害（ノードやリンクの故障）に対して，優れた耐性を持つのは，**運命的資源共有** (Fate Share あるいは Single Point of Failure) の状態を避けるようにシステム設計が行われているからである．**Fate Share** (および **Single Point of Failure**) とは，通信を行うために利用する資源は一つ以上存在するが，その資源の一つが障害となった場合に，代替資源が存在せず，障害の際に通信が不可能となる場合を指している．手法2や手法1においては，通信を開始すると，通信の経路は固定され，通信の経路上の資源に障害が発生すると，完全に通信が不能となる．一方，方式3では，一般的に動的に最適な通信経路を常時選択する機能を持っており，その結果，通信の経路上のネットワーク機器に障害が発生しても自動的/自律的に代替経路を選択し，通信を継続しようとする．

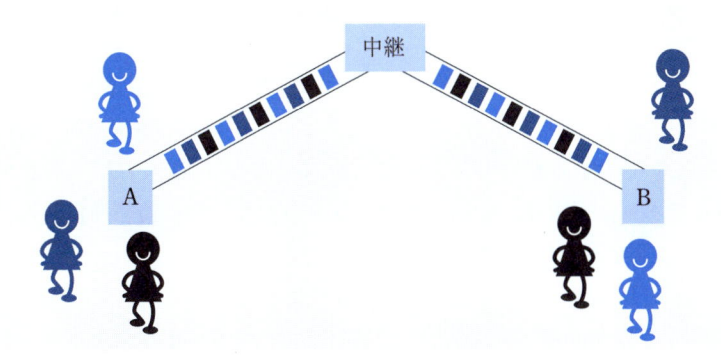

図 1-11　手法 3：パケット交換

1.4 オープンシステムとプロトコル

異なる会社が製造した情報通信機器やソフトウェア,あるいは,異なる通信事業者間でのデータの伝送・交換を実現するためには,共通の通信作法を定義する必要がある.このために,定義されたものとして広く参照されているものが,OSI (Open Systems Interconnection) の7層モデル(図1-12)と,インターネット (TCP/IP) の4層モデル(図1-13)である.両者とも,エンドノードのアプリケーションソフトウェアモジュールが,相互にデータ通信を実現するために必要な機能を階層的に定義し,上位層と下位層との間,および同一層同士での通信作法を規定することで,異なる実装ソフトウェアおよび情報通信機器,さらに,ネットワーク提供事業者間での相互接続性を実現することを目的としている.

OSIの参照モデルと,インターネットの参照モデルの違いは,層の数だけではなく,OSIには,UNI (User Network Interface) と NNI (Network Network Interface) という概念が存在するが,TCP/IP にはそのような概念が基本的には存在しない.UNI は,ネットワークサービスプロバイダがネットワークを利用するユーザ端末に提供するインタフェースである.一方,NNI は,ネットワークサービスプロバイダおよびサービスプロバイダ内の情報通信機器間での相互接続を実現するためのインタフェースである.「端末」は,英語では Terminal であり,端末は,受信したデータをさらに,他の情報通信機器に中継転送することを想定していない.

一方,TCP/IPにおいては,UNI と NNI の区別は存在せず,すべてのノードが平等で,"Terminal" ではなく,受信したデータの中継転送を行うことが可能な "Station" である.鉄道システムにおける Termimal は終着駅であり線路の端点を意味する.一方,Station は駅であり,連続する線路の途中の停車点を意味する.言葉の遊びのように思えるかもしれないが,この単語の違いは,OSI の参照モデルをもとにしたシステムと,TCP/IP の参照モデルをもとにしたシステムのアーキテクチャの違いを端的に象徴している.OSI の参照モデルをもとにしたシステムは,基本的に,端末はサーバになれないことを想定しており,端末がクライアント,ネットワーク内にサーバが存在する,いわゆるクライアント・サーバ型のシステム構造を基本とする.一方,**TCP/IP の参照モ**

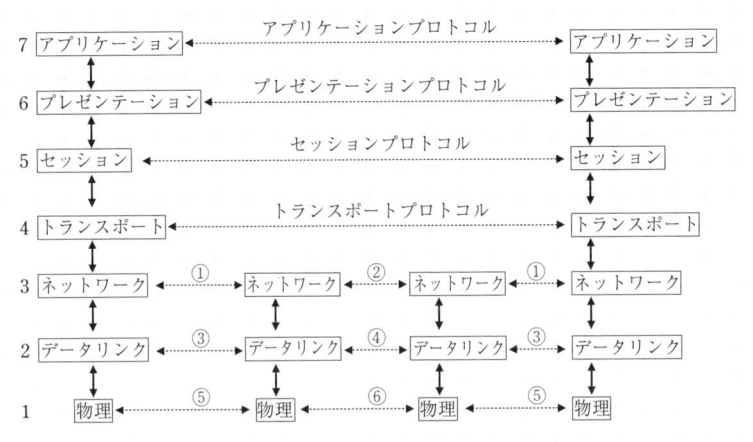

1.4 オープンシステムとプロトコル

①:ネットワークレイヤ ホストールータ間プロトコル（例:ES-IS）
②,④,⑥:サブネットプロトコル（例:IS-IS, NNI）
③:データリンクレイヤ ホストールータプロトコル（例:UNI）
⑤:物理レイヤ ホストールータプロトコル（例:UNI）

図 1-12　OSI 参照 7 層モデル

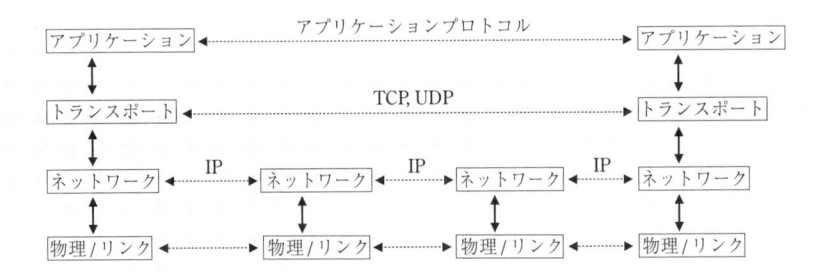

図 1-13　TCP/IP の 4 層モデル

デルをもとにしたシステムは，すべてのノード（情報通信機器）がサーバにもクライアントにもなれることを想定した，いわゆる**ピア・ツー・ピア**型のシステム構造，あるいは，**エンドツーエンドアーキテクチャ**を基本とする．

　エンドツーエンドアーキテクチャに基づいた情報通信システムの典型例が，インターネット（Internet）である．ビントン サーフ（Vinton Cerf）博士ととも

に，インターネットの基本プロトコルである TCP/IP の設計を行ったことで知られる ロバード カーン (Robert Kahn) 博士は，「インターネットは，ディジタル情報が自由にかつ自律的に流通するための 論理的なアーキテクチャとして設計した」と，インターネットの設計思想を説明している．すべての，ノード (情報通信機器) が，サーバとしてもクライアントとしても動作可能な環境を提供し，自由なサービスの創造と展開を可能とするアーキテクチャである．このような空間あるいは環境は，「**コモンズ (Commons)**」とも呼ばれる．コモンズの典型的な例は，街にある公園である．人々は，自由に公園に出入りすることができ，公序良俗に反しない限りにおいて，自由な活動が可能である．商売を行うことも可能であるし，読書やボールゲームを行うことも可能である．公園を利用する人が，自由に，新しい活動を行うことができる．このようなコモンズの特性をインフラストラクチャは，以下のような性質を持っている必要がある．

a. 利用法 (Application) に依存しない
b. 利用者 (User) を制限しない

層構造を基本とした参照モデルにおいては，各層ごとに担当する機能が規定され，通信相手となるインスタンスとの間での通信作法が共通化され規定される．これを，**プロトコル (Protocol)** と呼ぶ．プロトコルは，同じ層に属する通信相手のインスタンスとの間で規定されるばかりではなく，層の上下間でも規定される．情報通信機器内部でのソフトウェアの実装においては，同じ層の通信インスタンスとの間でのプロトコルよりも，むしろ，上下の層間でのプロトコルの規定がシステムの設計と実装にとって，より重要な意味を持つ場合がしばしばあるので注意が必要である．

企業間において，社長の間でメッセージのやり取りが，各階層の部門を介して実行される場合を例にとって，参照層モデルに基づいた，メッセージ交換を考えてみよう．社長＝経理部＝資材部という上下構造を会社が持っているとする．社長の間で話される作法と，経理部の間で話される作法は，同一ではなく，また，それぞれ (＝各インスタンス) に期待される機能は異なる．しかし，対応するインスタンス (たとえば，経理部と経理部) 間でのメッセージ交換の作法が統一されていなければ，経理部間でのメッセージ交換が成立しない．逆に，異なる企業の間で，会社の構造が統一化され，各部署における機能とメッセー

ジ交換の作法が統一されていると，企業は世界中のすべての企業と，唯一のメッセージ交換作法を用いて仕事を行うことができる．また，企業内の部署が実行すべき機能とメッセージの交換作法が，企業間で統一化されていることにより，部署で働く人材の入れ替えが容易になる．

オープンシステムとは，情報通信システムの構造を定義し，各インスタンスの機能とインタフェースを公開し，すべての情報通信システムが，同一のモジュール構造で実装されることを実現するものである．このインスタンスは，ハードウェアでもソフトウェアでも構わない．

オープンシステムの設計において，各モジュールの設計を行う際には，層間でのインタフェースの設計が，システムの実装と管理の作業量に大きな影響を与える．各層を構成するモジュールは，ただ一つではなく，複数のモジュールが存在することができる．企業でいえば，取締役会の下に経理部，製造部，総務部，広報部などさまざまな部署（同じ層に存在する異なるモジュール）が存在する．これらのモジュール間でのメッセージ交換のインタフェース仕様が統一化されていれば，モジュールごとに異なるインタフェースの実装を行う必要がなくなる．これは，層内のモジュール間と層間のモジュール間でのインタフェースの両方に該当することである．すなわち，異なる機能を提供するモジュールと統一的なインタフェースを用いてメッセージ交換を行うためには，これらのモジュールの適切な抽象化を行い，モジュールに依存しない形でのメッセージの交換インタフェースを定義することが望ましい．このような，適切に抽象化された統一的インタフェースの定義を行うことができれば，各モジュールの実装とその管理の負荷を大幅に削減することができる．なお，統一的なインタフェース仕様は，汎用的なインタフェースを意味しており，一般的には，各モジュールに対して最適化を行うことが難しくなることも念頭におかなければならない．すなわち，設計上，どうしても汎用的なインタフェースではなく，個別のインタフェースを定義し最適化を行わなければならない場合も，実際のシステム設計においては，しばしば発生せざるをえない．

このように，情報通信システムを構成する部品（＝インスタンスあるいはモジュール）の仕様（機能とインタフェース）を公開・統一化することで，部品の取り替え可能性（選択肢（**Alternatives**）の提供）が実現される．選択肢の提供は，健全な競争を発生させ，コスト削減と品質向上をもたらす．また，部品の供給

源は自社である必要がなくなることによって，結果的に，部品や情報通信システム自体の継続的な供給が実現されることになる．企業には顧客に納品したシステムの継続的なサポートが要求され，納入後5年から10年程度の部品や装置の継続的提供が要求される．情報通信機器ならびに情報通信システムをオープンシステムとして設計・実装することによって，万一自社での生産が終了しても，他社の製品や部品を利用できる環境を構築することが可能となる．この点は，企業経営戦略にも大きな影響を与える．オープンシステムの適用によるモジュールに関する選択肢の提供は，企業の合併・吸収・提携を行う際のシステムの統合化に必要となるコストの削減に大きく寄与することが知られている．あるいは，事業の整理を行う際に，他社モジュールを利用することによって，顧客へのサービスの継続を提供することを可能にすることも不可能ではない．

　オープンシステムの本質は，"選択肢"の提供にある．そのためには，モジュール間のインタフェースの共通化（＝標準化）が必要となる．共通化されるインタフェースは，国際的（Inter-"National"）では不十分であり，グローバル（Global）でなければならない．また，ユーザオリエンティッド，すなわち，市場オリエンティッドな技術仕様が規定されることが，結局は，効率的で堅牢なシステムの展開を実現することになり，ひいては，社会と産業への貢献とつながる．新しい技術の発明，評価，開発，普及に責任を持つすべての技術者は，次の世代への技術の継承とインフラの提供に責任を負っていることを認識し研究開発活動を行わなければならない．技術の標準化は，Co-Opetition（Cooperation と Competition を統合した 米国での造語）の状況を作り出すこと，すなわち，協調して市場を創造拡大し，その拡大した市場において公正で自由な競争状態を醸成するために存在しており，常に，このような状態を阻害するような活動を排除するようなガバナンスの形成が重要となる．

1章の問題

☐ **1** 「言葉」はディジタル情報である．ディジタル情報であるが故に，「言葉」が持つ特徴を列挙しなさい．

☐ **2** 4ビット，8ビット，16ビット，24ビット 32ビットのビット数で，電圧をサンプリング(標本化)する場合を考える．それぞれのビット数の場合に，いくつのサンプル値(標本値)を表現することができるか示しなさい．

☐ **3** 紙に書かれた「ネットワーク」という文字を，「火」を使って伝送する方法を考案しなさい．

☐ **4** 電話，放送，インターネットの技術的な比較を表にして表わしなさい．

☐ **5** 8kbpsでディジタル情報を転送可能な携帯電話を用いて，「ネットワーク」という情報を伝送するとき，電子メールで送信する場合に必要なビット数と，音声を用いて送信する場合に必要なビット数の比較を行いなさい．

2 ネットワークアーキテクチャ

　ネットワークの設計と構築法には，いくつかのフレームワークが存在し，これらを適宜組み合わせながら現実のネットワークが設計・構築される．本章では，放送，電話，インターネットは，それぞれ，異なるシステム設計フレームワークによって，設計・構築されていることを理解する．

> **2章で学ぶキーワード**
> - クライアント・サーバ
> - ピア・ツー・ピア
> - エンドツーエンドアーキテクチャ
> - ゲートウェイ
> - オーバレイ
> - ベストエフォート
> - 負荷分散
> - スケールフリー

2.1 クライアント・サーバとピア・ツー・ピア

　情報通信ネットワークは，基本的には，クライアント・サーバ型とピア・ツー・ピア型のサービスアーキテクチャが混在し，さまざまなサービスをユーザに提供する．また，ユーザの間で行われるデータ通信に対してネットワークが何らかのデータ処理を行うサービスアーキテクチャと，ユーザ間でのデータ通信に対してネットワークはデータを透明に伝送する機能のみを提供するサービスアーキテクチャの二つが存在する．本書では，基本的に，後者のネットワークに関する解説と議論を行う．また，後者のネットワークは，データが情報通信ネットワーク上で加工されずにネットワークに接続された情報機器の間で伝送交換されることから，**トランスペアレントネットワーク**（**透明なネットワーク**）と呼ばれる．第1章でも取り上げた三つの代表的なネットワークである電話網，放送網，インターネットのすべてが，基本的には，トランスペアレントネットワークである．

　なお，トランスペアレントネットワークにおける「ユーザ機器」とは，インターネットサービスプロバイダや企業・大学のネットワークに接続される一般ユーザの情報機器のみを指すのではなく，インターネットサービスプロバイダ (ISP; Internet Service Provider) や企業・大学の情報部門がWebサーバやメールサーバのようなサービスを一般ユーザに提供するために運用する情報機器も含んでいる．すなわち，トランスペアレントネットワークにおいては，一般ユーザの情報機器と，一般ユーザにサービスを提供するためにISPや企業・大学の情報部門が運用する情報機器とを，基本的には区別せず，データへの加工や変更を加えずに，透明にデータの伝送交換サービスを提供するネットワークである．一般ユーザが利用する情報機器に対して，ある"サービス"（たとえば，印刷，情報保存，情報提供など）を提供する情報機器を"**サーバ**"(Server) と呼び，このような"サーバ"に対してサービスを要求する情報機器を"**クライアント**"(Client) と呼ぶ．常にサービスを提供する情報機器と，常にサービスを要求する情報機器から構成されるシステムを，クライアント・サーバ (Client-Server) システムと呼び，このようなサービスをクライアント・サーバ型サービスと呼ぶ．一方，ネットワークに接続された情報機器が，サービスを要求する情報機器にも，サービスを提供する情報機器にもなるような，すべて

の情報機器がサービスの要求と提供に関して基本的に平等であるようなシステムを，ピア・ツー・ピア (Peer-to-Peer) システムと呼び，このようなサービスをピア・ツー・ピア型サービスと呼ぶ．

典型的なピア・ツー・ピア型サービスとしては，電話システムが挙げられる．電話システムにおいては，すべての電話機が，発信 (サービスの要求) と受信 (サービスの提供) を行うことができるとともに，情報の送信と受信を行うことができる．ネットワーク(電話網) は，電話器間で交換されるデータの加工は一切行わず透明な通信サービスを提供し，その上で，ユーザが所有する電話機の間(厳密には電話線の端点の間) で，対等なデータ通信が行われる．一方，典型的なクライアント・サーバ型サービスとしては，放送システムが挙げられる．放送システムにおいては，トランスペアレントな電波ネットワーク(あるいはケーブルネットワーク) 上に，放送コンテンツの提供サービスのみを行う放送局 (＝サーバ) と，放送コンテンツを受信のみを行うテレビやラジオなどの受信端末装置 (＝クライアント) とが存在する．放送システムにおける受信端末装置は，明示的にサービスの要求を行っていないが，暗示的に，すべての情報 (＝コンテンツ) の送信を要求し，受信側で，必要な情報 (＝コンテンツ) のみを選択的に利用していると解釈することができよう．

インターネットに代表されるコンピュータネットワークでは，時代とともに，クライアント・サーバ型システムとピア・ツー・ピア型システムとが，共存しつつも，しかしながら，その主役の座を争いながら，その物理的な規模と複雑度を増大させながら成長してきたシステムと考えることができる．

以下に，これまでのコンピュータシステムの変遷を整理した．

(1) メインフレームコンピュータ環境

IBM などに代表されるメインフレーム計算機を中心にして，その周辺にユーザ端末やプリンタなどの周辺機器を，独自のチャネル技術を用いて相互接続するシステム構造である．メインフレーム計算機は，製造会社ごとに異なるデータフォーマットを持ち，個別の通信方式を用いて周辺機器とのデータ交換を行っていた．メインフレームのユーザは，高度なデータ処理機能を持たない端末 (VT100 など) を用いて，メインフレームコンピュータにアクセスし，データ処理 (バッチジョブ) を依頼する．メインフレームはデータ処理を行い，

処理結果を端末に返送する (=サービス提供). メインフレームコンピュータはサーバ機器であり，ユーザ端末はクライアント機器となる.

なお，インターネットの起源となった **ARPANET** (Advanced Research Projects Agency NETwork) は，これら，異なるデータフォーマットおよび通信方式を持つメインフレーム（スーパーコンピュータ）を通信回線を用いて相互接続し，研究者が，全米に散在していた貴重な計算機を共有しながら利用することができるシステム環境を提供することにあった.

(2) 分散コンピューティング環境

米国サンマイクロシステムズ社や AT&T 社を中心に，Multix から進化したミニコンピュータである UNIX システムを採用した計算機が開発された. これら UNIX 計算機をを用いて，分散コンピューティング環境が構築された. 計算機資源 (=サービスを提供する機器) が，一つではなく，複数存在し，分散配置可能な環境である.

具体的なサービスの内容は，ファイルの共有や CPU 資源の共有であり，そのために，他の計算機の操作やデータの交換を実現するために必要となる共通の要素機能とその機能を利用するための標準インタフェース (たとえば，RPC；Remote Procedure Call) が設計・開発された.

(3) クライアント・サーバ環境

分散コンピューティング環境の普及とともに，特定のサービス機能の提供に特化したサーバ機器が設計・実装され，設置・運用されるようになった. 具体的なサービスとしては，LAN (Local Area Network) 環境においては，データベースを処理するデータベースサーバ，大容量のファイルを管理するファイルサーバ，印刷を一括処理するプリンタサーバなどが挙げられる. また，WAN (Wide Area Network) 環境においてよく使われるアプリケーションとしては，HTML 言語で表現されたハイパーテキストを処理する Web サーバやあるいは，電子メールの送受信を管理する電子メールサーバなどが挙げられる. 特定のサービスを専門に割り当てた計算機で行うことで，効率的なシステムの構築および各ユーザが利用する計算機の環境設定を容易にすることが可能となる. 現在のインターネットシステムで動作しているサービスは，ほとんどがクライアント・サーバアーキテクチャにしたがって構築運用されている.

(4) プッシュ型アプリケーション環境

これまでのコンピュータネットワークで提供される「サービス」は，基本的には，クライアント(機器/プロセス)がサーバに存在するデータや情報を，クライアントの要求に応じて**オンディマンド**(On-Demand)に転送する形態，すなわち，**プル型**(PULL型)の通信形態であった．すなわち，ユニキャスト通信(1対1通信)を用いて，ユーザ(クライアント)が，サーバから情報を引き出す(Pull)運用形態であった．しかし，今日では，マルチキャスト技術の研究開発により，放送型のデータ配送が可能となりつつある．放送型の情報配信では，ユーザがサーバの情報を引き出すのではなく，サーバから情報がある意味強制的にクライアントに向かって転送され(PUSH)，ユーザが必要な情報を取捨選択するというサービス形態である．したがって，このようなアプリケーションの環境は，プッシュ(PUSH)型のアプリケーションと呼ばれている．

コラム マルチキャスト通信

アプリケーションが作成したデータが，同時に複数のノード(計算機)に配送される通信形態である．データの送信元のノードで，送信すべきデータを複製して，複数のユニキャスト通信(1対1通信)を用いて，マルチキャスト通信を実現する方法が，現在は，一般的なマルチキャスト通信の実現方法である．しかし，この複数のユニキャスト通信を用いたマルチキャスト通信では，送信元のノードが送信すべきデータの量が，受信するノードの数に比例して大きくなり，データの送信処理負荷が大きくなってしまう．さらに，送信元のノードが必要とするデータ通信回線の帯域幅(データ転送速度)も大きくなければならない．そこで，ネットワーク内にある通信機器(これをルータと呼ぶ)が，適宜，送信元のノードが転送したデータパケットを複製し，データパケットを目的のノードに配送するシステム技術の研究開発が行われた．ネットワーク内の通信機器がデータパケットの複製を分散的に行うことで，送信元ノードのデータ送信処理の負荷を軽減するとともに，送信元ノードが必要とする通信帯域を小さくすることができる．このような，マルチキャストサービスを実現するためには，マルチキャスト経路制御と呼ばれる通信プロトコルを導入する必要がある．

(5) ピア・ツー・ピア (Peer-to-Peer) 環境

インターネット初期のモデルである，各ノード (計算機) が 1 対 1 に対等な立場で相互接続する環境と同じではあるが，その規模が拡大したシステムである．

近年，流行の Peer-to-Peer 技術は，分散コンピューティングならびに計算機の内部アーキテクチャにおいて適用されてきた要素技術をネットワークに対して，個別に適用しようと試みているようにみることができよう．原始的な計算機には，キャッシュ技術が存在しなかったように，既存のインターネットにはキャッシュ技術はほとんど存在しなかった．しかし，Proxy サーバの導入，**CDN** (Contents Delivery Networking) システムの導入，さらに，第 3 世代のファイル共有システムにおいては，コンテンツの配信レイテンシ特性の向上と配信サーバの負荷分散を実現するために，**キャッシュサーバ**をネットワーク内に分散配備したものととらえることができる．当然，**キャッシュミス**が発生すると，オリジナルのサーバにアクセスするし，さらにキャッシュのヒット率を向上させるために，先読み (CDN ではこれを**リバースキャッシュ**と呼ぶ) 機能も実装されている．あるいは，ファイル検索完了後のファイル転送は，Peer-to-Peer に任せるというアーキテクチャは，DMA (Direct Memory Access) 転送やホストコンピュータにおけるチャネル転送と等価とみることができよう．さらに，**DHT** (Distributed Hash Table) 技術に代表されるようなディレクトリサービスシステムは，**仮想メモリ**システムとほぼ等価な機能を提供している．

このように，これまでのコンピュータネットワークを振り返ると，トランスペアレントなネットワークを用いて，さまざまなコンピュータネットワークが設計構築運用されてきた．その歴史は，クライアント・サーバシステムとピア・ツー・ピアシステムが，その勢力争いを行いながら，一方で，システム規模の増大と自律性を向上させてきたととらえることができる．

また，情報通信システムは，単一の機能のみで構築されているのではなく，複数の機能を組み合わせ，統合化してそれぞれのサービスを提供している．各機能の実現は，クライアント・サーバ型でもピア・ツー・ピア型の両方で実現可能であり，現実のシステムにおいては，これら二つのサービスアーキテクチャが複雑に組み合わされた形で実現されている．

2.2 エンドツーエンドアーキテクチャ型とゲートウェイ型アーキテクチャ

　人類が構築した最大の分散型システムとも呼ばれるインターネットの成長と発展を支えてきた基本システム原理は，**エンドツーエンドアーキテクチャ**（End-to-End Architecture）である．我々は，パソコンなどのネットワーク（インターネット）に接続されたディジタル情報機器に，新しいソフトウェアをインストールすることによって，あるいはインターネット上にサーバ機器を新たに設置することによって，地球規模の新しいサービスを迅速，自由にかつ低コストで実現することができる．

　エンドツーエンドアーキテクチャは，サービス提供者およびサービスの消費者の両方に，「選択肢」を提供することに成功した．「選択肢」が提供されることで，健全な競争と代替システムの可能性が実現された．前者（競争）はシステムのコストダウンとシステムの品質向上に貢献する．一方，後者（代替システムの可能性）は，（特定のサービスや製品の提供者に縛られることなく）サービスの継続性とロバストネス（耐故障性と冗長性）の向上に貢献する．すなわち，オープンなエンドツーエンドアーキテクチャ環境の提供によって，我々は，頑強で低コスト，かつ新しいサービス展開を容易にするコンピュータシステムの構築と運営が可能となる．エンドツーエンドアーキテクチャの実現には，トランスペアレントなネットワーク環境の存在が前提となることは，明白であろう．

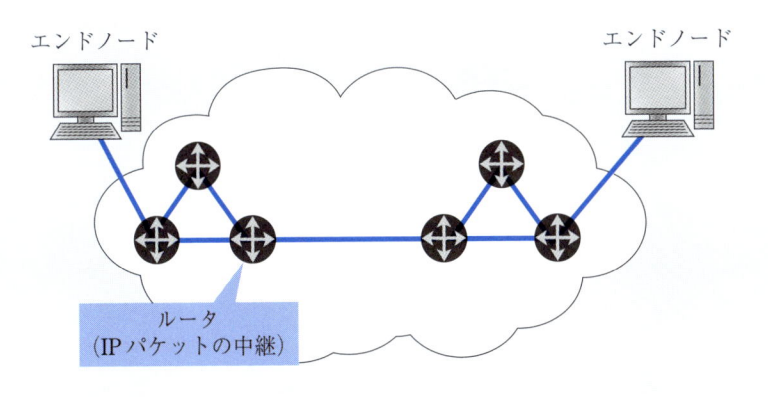

図 2-1　エンドツーエンド型アーキテクチャの概念図

一方，各ネットワークは，共通化された通信方式やデータ様式を持たず，ネットワークの境界において，翻訳作業を行うことでネットワークの相互接続を行うモデルを，**ゲートウェイモデル**と呼ぶ（図2-2参照）．それぞれのネットワークがユーザ情報機器に提供する接続インタフェース（通信プロトコルやアドレス体系など）が異なるため，ネットワークの境界に**ゲートウェイ**装置を設置し，ネットワークの相互接続を実現する．異なるネットワークに接続され，異なる通信プロトコルを用いて，データの送受信を行うユーザ情報機器間での通信を実現するためには，ゲートウェイにおいて，通信プロトコルの変換作業をすべてのデータフローに対して行わなければならず，多くの場合，ゲートウェイでは，各データフローに対して，本来ユーザ機器で実行されるべき通信プロトコルの状態管理を全て実行しなければならない場合が非常に多くなる．

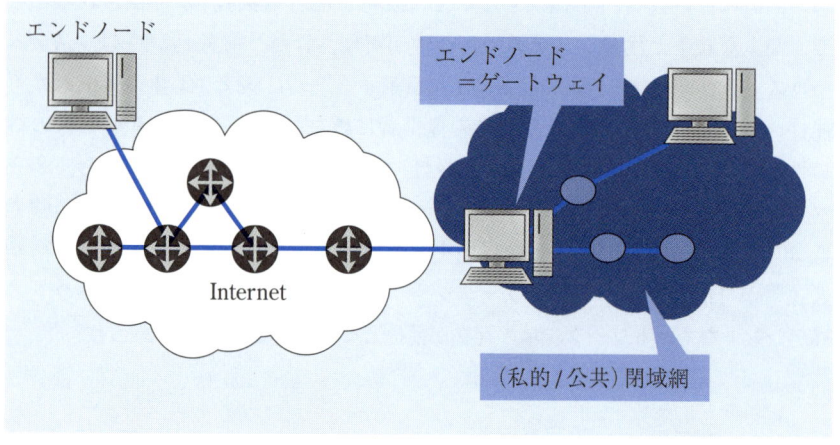

図 2-2 ゲートウェイ型アーキテクチャの概念図

2.3 オーバレイモデルとピアモデル

　ネットワークは，情報通信機器(＝ノード)とこれらを相互接続する通信回線(＝リンク)とから構成されている．通信回線(＝リンク)は，物理的に占有利用されるものや，特定の周波数や時間スロットを用いて仮想的に提供するものが一般的である．しかし，複数の情報通信機器と通信リンクを用いて提供される仮想的なリンクも存在する．

　イーサネットケーブルは物理的に占有利用されるリンクの代表例の一つであろう．電話のリンクとADSLのリンクは，共通の物理媒体である電話線を共有利用しているが，異なる周波数を用いることで，ある意味，電話線を占有利用しているリンクである．

　電話回線(Not Equal 電話線)は，複数の交換機と交換機を結ぶケーブルを用いて提供される「**仮想的な線**」の代表例の一つである．電話線に接続された情報通信機器(電話機やコンピュータ)は，電話番号を入力し，宛先の情報通信機器への透明な(＝データ加工が行われない)仮想回線の確立を要求する．この仮想回線は，複数の電話交換機と通信回線を介して，確立される．

　このような，仮想回線を確立するための手続きを，**シグナリング**手順(Signaling Procedure)と呼ぶ．なお，シグナリング自体は，電話網が提供する電話回線の確立のために必要となる手順のみを指すのではなく，もっと，一般的に，コミュニケーションを確立・実行するためにネットワーク機器および情報通信機器に対して，何らかの設定や制御を行うための制御信号と制御手続きを指すので，注意が必要であろう．

　シグナリングには，**アウトバンドシグナリング**と，**インバンドシグナリング**とが存在する．アウトバンドシグナリングでは，ユーザデータの通信が利用する物理資源と，シグナリングが利用する物理資源が同一ではない．一方，インバンドシグナリングでは，同一の物理資源が利用される．電話システムでは，シグナリングデータのみを取り扱うシグナリング網(信号網とも呼ぶ)が，ユーザの通話データの伝送・交換を行うシステムとは，独立に存在しており，アウトバンドシグナリングシステムである．携帯音楽プレーヤの制御は，通常の制御線とデータ線が独立に存在しており，アウトバンドシグナリングシステムに分類することができる．一方，インターネット上で動作しているWebサービ

スや電子メールサービスなどは，アプリケーションの制御のために専用のシステムを持っているわけではなく，インバンドシグナリングのシステムである．インターネット自体も，インターネット内の情報機器を制御したり管理したりするデータの転送と，ユーザ機器間で交換されるデータ転送は，共通のデータ転送機器を利用しており，インバンドシグナリングシステムに属することになる．

インターネットシステムは，当初，電話会社が提供する（仮想的な）電話回線の端点にルータと呼ばれる情報通信機器を接続し，これらを相互接続することによって，ネットワークを構成していた．ルータは，電話回線で接続されたルータから転送されてくるデータの小包（ディジタルビットの塊にその宛先情報が付加されている）を，その宛先情報に基づいて，中継転送することが主な仕事である．インターネットシステムにおいては，ルータ間に存在する電話交換機や通信回線は意識されず，電話システムが提供する透明な仮想回線を用いて，ルータが直接相互に接続されていると解釈してシステムの管理と制御を行っている．電話会社が提供する仮想的な電話回線には，恒久的に提供される専用線と，必要なときに確立される「**呼**」(＝Call) の二つがある．近年のインターネットは，電話回線を用いることなく，光ファイバや銅線（＝ドライカッパーとも呼ばれる）を用いて，直接ルータ同士を相互接続するような構成が多くみられるようになってきた．

ネットワークを管理・制御するためには，情報通信機器の相互接続の状態，すなわち，トポロジー (Topology) 情報の管理を行う必要がある．上述の通り，仮想回線においては，実際には，複数の情報通信機器（ノード）や通信回線（リンク）が存在するにも関わらず，仮想回線の端点には，透明なデータ通信サービスが提供され，等価的に，仮想回線の端点の間に物理的な通信回線が提供されているものとして，システムのトポロジー管理を行うことが可能である．このように，実際には，直接接続されていない情報機器間の（仮想的な）通信回線を，物理的な通信回線とみなしてシステムトポロジの管理を行い運用するシステムを，オーバレイ (Overlay) システムと呼ぶ．**オーバレイシステム**においては，仮想的な通信回線を提供するネットワークシステムのトポロジー管理を行う必要がなくなり，より，簡単なシステム管理を実現することができる．一方，通信回線で相互接続された情報通信機器のトポロジー情報を管理しながら，制御運用するシステムをピアモデル (Peer-Model) と呼ぶ．**ピアモデル**は，

物理的な通信回線を用いても，あるいは，仮想的な通信回線を用いても構築可能であり，したがって，オーバレイネットワーク上で，ピアモデルに基づいたネットワークを構築することも可能となる．すなわち，オーバレイシステム上でシグナリング手順を実行し，必要な情報機器の間に仮想的な通信回線を確立し，その仮想的通信回線を用いて，ピアモデルをもとにしたネットワークが構築される．仮想的通信回線には，恒久的に提供されるものと，必要に応じてオンディマンドに提供されるものとが存在する．

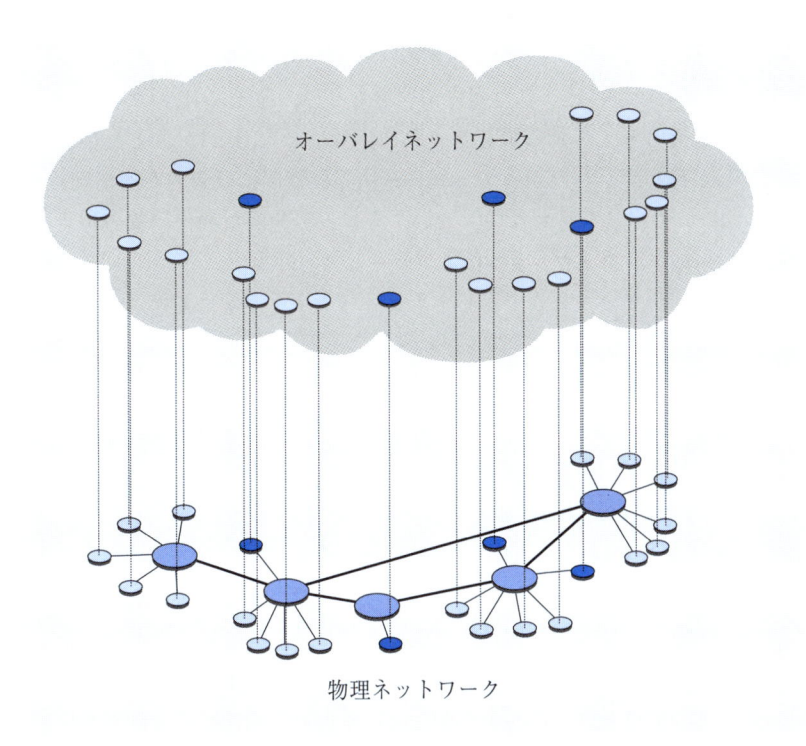

図 2-3　オーバレイネットワーキングの概念図

2.4 ベストエフォート型サービスと保証型サービス

電話網では電話番号をもとに発信元の電話機と着信先の電話機との間に仮想的な通信回線（＝**コネクション**）を確立する．この通信回線は，シグナリングにより，通信の終了要求が行われるまで維持され，無音であってもユーザデータが常に転送されることを仮定して，ネットワーク内の資源を予約する．このように，必要に応じて仮想的な通信回線を確立するような通信形態を，コネクション型サービスと呼ぶ．一方，インターネットにおいては，（ディジタル情報の小包であるIPパケットを転送するノードである）ルータは，単に，受信したIPパケットに書き込まれた宛先情報をもとに，宛先にIPパケットを転送するために最適と考えられる隣接ルータに，受信したIPパケットを中継転送するだけしか行わず，したがって，ユーザ情報機器間に仮想的な通信回線（＝コネクション）の提供を行わない．このように，仮想的な通信回線の提供を行わない通信形態を，**コネクションレス**型サービスと呼ぶ．

電話網においては，無音であってもユーザデータが常に転送されることを仮定して，ネットワーク内の資源を予約することによって，ユーザ情報機器間に，一定のデータ通信の品質（遅延時間，データの誤り率，データの紛失率など）を，保証（＝Guarantee）する．このように，データ通信の品質に関して，保証を行う通信形態を，品質保証型サービスと呼ぶ．一方，インターネットにおいては，IPパケットが目的の宛先ノードに配送される場合に，その転送品質に関する保証は行わず，最大限の努力を行うとしている．これを，ベストエフォート（Best Effort）型サービスと呼ぶ．ここで，注意が必要なのは，ベストエフォート型サービスは，低品質の通信サービスと等価ではない点である．ベストエフォート型のネットワークにおいては，さまざまの手法を用いて，最大限，データの配送を行うことを意味している．ある通信媒体に障害が発生した場合，他の通信媒体を用いてディジタル情報の配送を行うという機能を持つことにより，品質保証型サービスよりも，災害・障害に対して，より，品質と信頼性の高い通信サービスを提供することができることを，十分に，認識しなければならない．

2.5 ハードステートとソフトステート

コネクション型サービスにおいては，通信を開始する前に，シグナリング手順を実行し，通信する情報機器の間に，仮想的な通信回線 (=コネクション) を確立する．多くの場合 (インターネットにおける TCP は例外とみることができる)，データが転送される経路は，シグナリング時に決定され，通信路が解放されるまで，同一の経路が維持されるのが，一般的である．このようなシステムを，通信中に通信回線の状態が変化しないことから，ハードステートのシステムと呼ぶ．ハードステートのシステムにおいては，システムの状態は，インスタンスが発生して，消滅するまで状態を変化させないことになる．コネクション型サービスで，ハードステート型のサービスの典型例が，電話サービスとなる．電話サービスにおいては，電話網内でコネクションが利用する経路上の情報機器 (=交換機) や通信回線に障害が発生した場合，基本的には，通信を継続することができなくなってしまう．コネクションに関しては，コネクションの確立以降は，固定された資源を使用しなければならず，このような状態を運命的(資源)共有(=**Fate Share**)，あるいは，**Single Point of Failure** と呼ぶ．

一方，コネクションレス型サービスにおいては，シグナリング手順を持たず，ネットワークの状態に応じて，必要なときには，ディジタル小包の転送経路を動的に変化させる．このように，システムの状態を，常に更新 (Update) しながら運用するシステムを，ソフトステートのシステムと呼ぶ．コネクションレス型サービスを利用する，システムの典型例は，TCP/IP 技術を用いたインターネットである．

インターネットでは，ルータによって，多数のネットワークが相互に接続されているが，エンドノード間で (ハードステート) のコネクションは確立しない．IP パケットの転送・交換を行う通信路やパケットの交換装置 (=ルータ) は，多数のエンドノードが生成する IP パケットで (あるエンドノード間での情報交換に対して資源が占有利用されずに) 共用される．IP パケットの転送経路は，動的に変化することを前提として，データ通信手法が設計されているために，ある通信路やルータに障害が発生しても，自動的に，IP パケットの転送サービスを実現可能な他の経路を探し出し，サービス提供を継続させる．経路の状態が，時間軸上で，常にアップデートされ，固定的でないことから，これ

を，ソフトステート型のシステムと呼ぶ．ソフトステート型のネットワークでは，適切なネットワークのトポロジーを持っていれば，Single Point of Failure となることを避けることが，比較的容易に可能となる．

半導体のメモリに例えれば，ハードステートは ROM やフラッシュメモリ，ソフトステートは RAM とみることができる．ソフトステートは常時状態のアップデートを必要とするが，システムの設計が容易となる．一方，ハードステートは，ある意味，障害がない場合には，安定に動作することができるが，障害や誤りが発生するようなシステムにおいては，むしろ，ソフトステートが安定に動作することができる．

ここで，ベストエフォート型サービス (Best Effort Service) に関する議論を行いたい．ベストエフォート型サービスは，サービス品質の「保証」や「目的値 (Performance Objective)」を持たないサービスであるので，Guaranteed Service 型 (＝サービス品質保証型) システムよりも，信頼性に乏しいサービスしか提供できないとの，意見が多く聞かれる．これは，正常動作時と，非正常動作時あるいは準正常動作時，さらには，異常動作時という，異なる動作環境におけるシステムサービスの品質で議論を行う必要がある．一般的に，Guaranteed Service 型のシステムは，ハードステート型のコネクション管理を行う．したがって，障害の発生に対しては，存在する通信は，Single Point of Failure となり，障害箇所の資源を利用している通信は，切断されてしまう．一方，Best Effort 型のシステムは，ソフトステート型のコネクション管理を行う．したがって，障害の発生に対しては，存在する通信は，可能な限り (＝ Best Effort)，通信可能な経路を検索し提供しようと努力する．その結果，多くの場合 (ネットワークのトポロジーが適切に設計されていれば)，障害の発生時にも通信を継続することが可能となる．このような議論を行えば，Best Effort 型サービスが，Guaranteed Service 型サービスよりも，低い通信品質を提供するとは，必ずしもいえないことが分かるであろう．

また，ソフトステート型通信と，ハードステート型サービスを比較すると，ハードステート型のシステムは，障害や通信エラーが発生するようなシステムにおいては，システムがデッドロックの状態になってしまう確率が高い．一方，ソフトステート型通信は，デッドロック状態にはなりにくいが，状態の解放手順を適切に設計実装しないと，非常に非効率で通信資源の無駄遣いをしてしま

うシステムになる場合がある．ソフトステート型のIPパケット転送経路の管理を行う典型例がインターネットシステムである．インターネットにおいては，IPパケットを受信したルータは，宛先ノードへより接近するようIPパケットごとに次の転送先ルータを決めて転送する．これを転送先のルータでも繰り返すことによって，宛先ノードにIPパケットが届く．途中のルータや伝送路に障害が発生したり，伝送路が混雑してスループットが低下したり，あるいは転送中のパケットが紛失しても，適宜よりよい経路を選択し，またはパケットを再送信することによってサービスを継続することができる．インターネットは世界に広く開放されているため，大小さまざまなISPがおのおのの運営方針と通信品質レベルでネットワークを自律的に運用し，インターネットに接続している．こうした多様なネットワークの相互接続でも良好なサービスを提供できるのは，通信品質よりも接続性の確保を優先としたネットワーク構造を採用しているからである．

　ソフトステート型のシステムにおいては，適切な間隔で通信相手の動作の確認を行い，状態のレフレッシュ (Refresh) を行う．通信相手からの問い合わせメッセージの受信とその処理 (応答) は，計算機にとって最も負荷の高い「割り込み処理」を必要とし，問い合わせの間隔が短くなったり，あるいは，通信相手の数が大きくなると，割り込み処理の頻度が増加し，計算機のパフォーマンス劣化につながることもある．また，状態のレフレッシュ間隔のタイマーが，対となる情報通信機器の間で整合性のある値であることも重要である．レフレッシュ間隔の管理が，対となる情報通信機器間で独立に行われる場合に，適切な設定が行われないと，システムが不安定になることもあるので注意が必要である．

2.6 放送，電話，インターネットの比較

これまで，議論してきた，技術的な観点から，情報通信サービスの代表例である，放送，電話，インターネットを，それぞれの観点で比較してみよう．

表 2-1 放送，電話，インターネットの技術比較

	放送	インターネット	電話
クライアント・サーバ or ピア・ツー・ピア	クライアント・サーバ	ピア・ツー・ピア	ピア・ツー・ピア
エンドツーエンド or ゲートウェイ	ゲートウェイ	エンドツーエンド	ゲートウェイ
オーバレイ or ピア	ピア	オーバレイ	ピア
保証型 or ベストエフォート型	保証型	ベストエフォート型	保証型
シグナリング	なし	インバンド	アウトバンド
ハードステート or ソフトステート	なし	ソフトステート	ハードステート

(1) 放送

基本的には，シグナリングを持たないクライアント・サーバ型のシステムである．ネットワークは，ある通信品質を提供しようと努力するが，動的に経路の変更などは基本的には行わない．とりあえず，すべての情報を，エンドノードに送信し，データを受信するノードが，どの情報を受信するかの判断を行う．ある意味，SPAM メールのシステムに似ている．受信した情報の利用は，情報を受信したノード自身が決める．放送システムに閉じた，データ形式を持ち，他のシステムとはゲートウェイを介して相互接続せざるをえない．

2.6 放送，電話，インターネットの比較

(2) 電話

シグナリングシステムを，アウトバンドに構築維持・運用している．基本的には，ピア・ツー・ピア型の通信サービスを Guaranteed Service 型で，かつ，ハードステートで提供する．偵察隊が先に敵地までの経路を調査し，その経路が確保可能か調査を行い，その経路の確保を行う（＝シグナリング）．その後，実際のデータが，その経路を用いて，転送される．データを転送可能な経路が存在しても十分な通信資源の確保ができなかった場合には，コネクションを確立せず，エンドノード間でのデータ通信サービスを提供しない．

(3) インターネット

特に，ネットワークがエンドノードに要求するシグナリングは存在せず，インバンドのシグナリングで，すべてのシステムの運用管理と，エンドノード間での通信制御が行われる．ピア・ツー・ピア型の通信サービスを Best Effort 型で提供する．通信サービスの提供に際しては，ネットワーク側は，各エンドノード間でのデータ交換に関する情報や状態を管理・制御することはなく，単に，目的のエンドノードにデータを転送するための最適軽度の掲載とアップデートならびに，IP パケット（＝ディジタル小包）の配送に最大限の努力を提供する．経路情報，すなわち，通信相手先のエンドノードが，送信元のエンドノードから通信可能なのか？ 通信可能なら，どのネットワーク機器（＝ルータ）に，受信した IP パケットの転送を託せばよいのかという情報のみを，管理している．

2.7 階層化と回帰的定義による スケールフリーシステムの実現

ネットワークにとって，その大規模化対応は，具備・実現すべき非常に重要な機能である．規模に依存しないネットワーク設計を「**スケールフリー化**」と呼ぶ．「スケールフリー (Scale-Free)」なシステムとは，どういう意味であろうか．文字通り，「規模」に依存しないシステムであり，システムの大きさがいくら大きくなっても，同一のルールに従って，そのルールを記述可能，制御可能であることを指す．物理学における，運動方程式（F = ma）は，質量（m）の大きさ，力（F）の大きさ，さらに，加速度（a）の大きさに関係なく，同一の方程式で，力，質量，加速度の関係を記述することができる．

ネットワークにおける，「スケールフリー」は，どのように実現させるのであろうか．ネットワークに存在するコンポーネントの数が大きくなっても，その数が小さいシステムと，同一の手法で，システムの記述と管理・制御が行われなければならない．

このような，「スケールフリー」性を実現するために，ネットワークにおいては，システムの回帰的（＝ Recursive）な記述と，情報の集約化（＝ Aggrigation）手法が適用されるのが一般的である．集約化と回帰的なシステムの記述は，必ずしも，階層化とは完全一致するものではないことに注意が必要である．マクロにみれば，回帰的なシステム記述と情報の集約化は，階層化システムへと帰着するが，個別のシステムコンポーネントは，階層的でなければならないという制約はなく，むしろ，任意の構造をとることができる．すなわち，ミクロには，階層トポロジー・フリーであるが，マクロには階層トポロジーをとることで，柔軟性の高いスケールフリーなシステムを構築している．

電話システムにおけるスケールフリーな構造は，電話番号の構造と，電話番号にバンドルされた電話交換機網の構造が示している．電話番号は，国ごとに国番号が定義され，その領域内に，エリア番号（＝市内局番）が定義される．エリア番号内には，局舎番号が定義され，さらに，その下に，個別の電話番号が提供されている．すなわち，電話システムは，グローバルに，4階層からなる階層で，ツリートポロジからなる電話番号の構造と，それにバンドルされたネットワーク構造が形成されている．各層では，2桁から4桁のインスタンス

数の規模のシステム管理を行う．国レベルは2桁，エリア番号は3桁程度，局舎は3桁程度，局舎内は4桁程度である．このような構造にすることで，すべての階層で，同じ規模のインスタンス数の管理と制御を行えばよいという構造を構築している．

インターネットにおけるスケールフリーな構造は，IP アドレスの構造と，AS (Autonomous System) の構造，さらに，DNS (Domain Name System) システムが用いるホスト名 (= FQDN (Fully Qualified Domain Name)) の定義手法が示している．IP アドレスは，大きく三つの地理的領域に分割され，それぞれの領域で，階層的にその番号空間を定義している．その番号空間は，水平方向に番号が割り振られるとともに，その中では，階層的にインスタンスが定義される．すなわち，回帰的に下位のインスタンスが定義され（＝逆方向には，情報/インスタンスの集約化を行い上位のインスタンスが定義される），スケールフリーなシステムの記述と管理・制御が実現されているととらえることができる．

システムの管理性という観点で考えると，水平分散型のシステムは，優れているとは言いがたい．階層的な構造にする方が，システム秩序の管理・制御がより容易である．しかし，水平分散的なシステム構造の構築は，選択肢の増加を促すことが可能であり，結果的に，より，頑強な情報通信システムの構築に寄与することができる．すなわち，可能性 (= 柔軟性) と管理性とのトレードオフ，利用可能な科学技術の間での相関関係から，最適なネットワークシステムが，設計・実装・運用されなければならない．

2.8 処理負荷の分散手法

「ネットワーク化」することは，地理的に分散している情報機器が，自由に，目的の情報機器間で，情報のやり取りを可能にすることを意味する．ネットワーク化が，地理的に広い領域（これを広域通信と呼ぶ）で行われるようになると，広くアクセスされるような情報を持った情報機器へのアクセスが急激に増加してしまったりする．人気のある Web サイトは，その典型例といえよう．このような，非常に多くのアクセスを処理しなければならない情報機器における処理負荷の増大に対する対応策を講じなければ，良好なサービスを提供できなくなってしまう．エンドノードから大量のアクセスを受け，その結果，情報処理を必要とするようなサービスにおいては，以下に挙げる二つの方向での処理負荷の分散化を行うことにより，大量のサービス要求への対応を行う．

(1) 水平分散

エンドノードからの要求を処理するサーバを複数用意する手法である．単体であったサーバを複数のサーバ機器から構成するような構造にする．物理的に一つサイトに複数のサーバ機器を置き，これを，エンドユーザからは，あたかも一つのサーバ機器にみせる手法が，第 1 段階の水平分散手法となる．この場合の負荷分散は，計算機において，プロセッサを単純にマルチコア化するのと同等であり，プロセッサへのアクセス速度は，プロセッサのマルチコア化に伴う周辺機器からのアクセス増加に対して，十分な速度（帯域幅）を持つことが前提条件となる．人気サーバ機器へのアクセス負荷の第 2 段階の負荷分散は，地理的に，サーバ機器を分散配置する手法である．エンドノードからのアクセス要求を処理するノードを地理的に分散配置し，地理的により近いサーバ機器にアクセスさせる手法である．第 2 段階の負荷分散により，サーバ機器（群）へのアクセスに必要となる速度（帯域幅）を小さくするとともに，サーバ機器とエンドノード間でのデータ交換の遅延時間を小さくすることが可能となる．本手法は，複数のプロセッサを計算機内に設置し，各プロセッサに物理的に近い場所に存在する周辺機器がアクセスするという構造に等しい．両分散化手法とも，分散配置されたサーバ機器間での，データの同期が必要となる．すなわち，すべてのサーバ機器が常に同一のデータを（ほぼ）同時に保持し，データ

(2) 垂直分散

　エンドノードからの要求を処理するサーバを複数用意するのは，水平分散手法と同じであるが，サーバ機器とエンドノードとの間に，**プロキシサーバ**機器 (Proxy Server) と呼ばれる情報機器を設置する手法である．プロキシサーバは，過去にサービス要求のあったサービス内容を一時的に記憶し，記憶している期間内に同一のサービス要求があった場合には，サーバ機器へのアクセスを行うことなく，サーバ機器に代わって，サービス要求に対する返事を行う．プロキシサーバ機器は，サーバ機器とエンドノードとの間でのデータ交換が行われる経路上に存在し，その間で交換されるデータを「盗み見」する．この，プロキシサーバによる「盗み見」は，データの加工は行わず，単に，内容を複製し，次回の同様の要求に備えるものである．これを，透明なプロキシ，Transparent Proxy と呼ばれる．一方，エンドノードからのアクセス頻度とアクセス量が大量となることがあらかじめ明確なコンテンツに関しては，サービス開始前に事前にプロキシサーバに，サービスデータを転送することで，サービス開始時から，プロキシサーバを用いたサービス負荷の分散を行う手法もとられている．これを，**リバースキャッシュ** (Reverse Cache) と呼ぶ．これは，トランスペアレントプロキシの手法は，計算機システムにおける，**キャッシュ** (Cache) とほぼ等価のデータ処理を行っていることに注目して，命名されている．トランスペアレントキャッシュにおいては，最初の要求は，エンドノードからサーバノード機器に転送され，サーバノード機器は，要求された情報をエンドノードに返送する．この際，サーバノード機器とデータ取得の要求を行ったエンドノードとの間に存在するプロキシサーバは，サーバノード機器から返送されるデータを「覗き見」して，これを，複製し，キャッシュ化する．計算機におけるキャッシュと同じく，プロキシサーバの中のキャッシュも，ある時間アクセスがないと，キャッシュメモリの中から消去を行う．キャッシュは，ユーザノードからの同様のアクセス要求が存在すれば，継続して存在することになる．このようにして，アクセス頻度の高いデータに関しては，ユーザノードからのアクセス要求が，直接，オリジナルのサーバノード機器に転送されることを回避することが可能となり，サーバノード機器(群)の処理負荷を軽減す

ることができる．さらに，通常プロキシサーバは，地理的に，サーバノード機器とユーザノードとの間に存在するために，プロキシサーバの利用により，より，小さな遅延時間でデータの返送を実現することが可能となるとともに，データが転送される経路が短くなるために，データの紛失や誤りが発生する確率も小さくすることが可能となる．

このように，サーバノード機器へのアクセスとサービスを経路中のサーバ (プロキシサーバ) で代替する形態から，「垂直」方向の負荷分散と呼ぶ．計算機システムのキャッシュメモリシステムと同じく，垂直 (負荷) 分散システムにおいては，データのコンシステンシ (Consistency；統一性) の問題が発生する．すなわち，サーバノード装置に存在するオリジナルの情報が書き換えられた場合，キャッシュ情報 (すなわちプロキシサーバ中にキャッシュされたデータ) の，アップデートもしくは廃棄を行うことが望ましい．

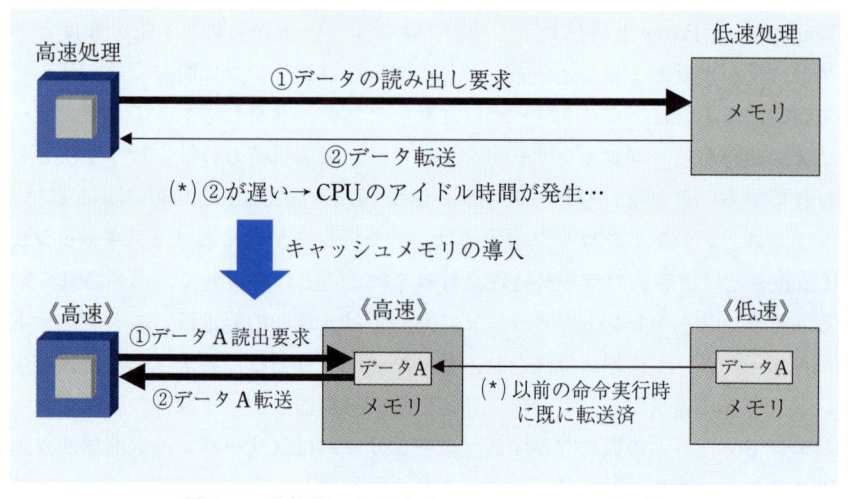

図 2-4 計算機におけるキャッシュメモリの概念図

2章の問題

☐ **1** クライアント・サーバ型システム，およびピア・ツー・ピアシステムの特徴(利点でも欠点でもどちらでもよい)を三つ列挙しなさい．

☐ **2** 日本人とフランス人が会話する場合を考えよう．エンドツーエンド型の会話と，ゲートウェイモデルによる会話がどのように行われるか説明しなさい．さらに，会話をする日本人とフランス人のペアの数が増加した場合は，どちらの方法がより対応しやすいであろうか？ 理由とともに答えなさい．

☐ **3** 電話番号は，階層化された構造を持っている．米国における電話番号の構造を仮定するときに，各階層で定義可能なインスタンスの数と，各階層までの番号で定義可能な数を計算しなさい．

☐ **4** 人気商品が製造元から流通経路に乗って最終消費者に販売する場合には，効率的な商品の販売流通を行うことが好ましい．その実現法を，水平分散 と 垂直分散 による負荷分散という視点で解説しなさい．

3 ネットワーク層の基本機能

　本章では，ネットワークを構成する上での基盤となるネットワーク層の機能を，インターネットにおけるネットワーク層に相当する通信プロトコル IP すなわちインターネットプロトコル (Internet Protocol) の概観を通して学ぶ．ネットワーク層は，ディジタル情報の小包 (＝パケット) を，パケットに付加された宛先情報をもとに，宛先の情報機器に転送する機能を提供する．

3章で学ぶキーワード
- IP
- インターネットプロトコル
- サブネット
- ICMP
- 経路制御
- ARP
- NAT
- トンネリング
- DHCP

3.1 ネットワーク層の基本機能

　ネットワーク層が提供する最低限の機能は，(IP) パケットの受信と送信ならびに転送である．パケットに付加されている宛先情報解析し，適切なインタフェース (自ノードも含む) に，受信したパケットを転送する．

　すべての情報は，ディジタルデータの小包である (IP) パケットを用いて抽象化される．さらに，各情報通信機器の**ネットワークインタフェース**を **IP アドレス**という 32 ビット (あるいは 128 ビット) の数字列を用いて抽象化することで，IP パケットを転送する通信メディアに依存することなく，統一的なインタフェースを用いた (IP) パケットの伝送・交換を可能にしている．

　インターネットプロトコル (IP) は，異なるオペレーティングシステム (OS) や異なる文字コードを用いたディジタル情報機器を相互接続するために必要な，最も基本的な通信プロトコル (通信規約) である．

　ネットワーク層の機能を，輸送システムで考えてみよう．ネットワーク層は「ヒト」，データリンク層は「乗り物」，物理層は「乗り物が使う物理基盤」に対応する．「乗り物」には，車，電車，飛行機，船舶，自電車，徒歩などが挙げられる．それぞれの「乗り物」(＝データリンク) に対して，道路，線路，飛行路，海路，自転車路，歩道などの「物理層」が対応する．「ヒト」は，目的地に到達するための経路を計算し，適切なデータリンク (「乗り物」) を選択する．さらに，データリンク (「乗り物」) は，対応する物理基盤を決められた手順 (メディアアクセスプロトコル) にしたがって，乗り物を動かす．このようにして，「ヒト」は荷物や情報を，目的地まで送り届ける．

3.2 インターネットプロトコル：IP

IPでは，多様な情報の伝送を，IPパケットの伝送という形で抽象化し，さらにIPパケットの宛先（正確にはさまざまな種類の物理インタフェース）をIPアドレスを用いて抽象化することで，OSにとって統一的なインタフェースを用いて（データリンクに依存しない形で），計算機内の通信インスタンスが相互にディジタルデータの送受信を行うことを実現している．

IPパケットは，(a) 宛先の情報通信機器のインタフェースをグローバルに識別するためのアドレス（IPアドレス）と，(b) 送信元の情報通信機器のインタフェースをグローバルに識別するためのIPアドレスを含むヘッダ部（小包のタグ）と，(c) エンド-エンドに情報通信機器間で（トランスペアレントに）伝送されるペイロード部（小包の中身）から構成されている．

IPが提供する機能は，(1) **アドレス処理**，(2) **フラグメント処理**，(3) ベストエフォートでのIPパケットの配送の三つである．アドレス処理は，受信したIPパケットのヘッダ部のIPアドレスから，受信したIPパケットの処理（転送，廃棄，受信）を判断する機能である．フラグメント処理は，受信したIPパケットが次に転送されるべきデータリンクで転送可能なサイズよりも大きい場合に，複数の小さなIPパケットに分割する機能（フラグメンテーション）である．また，ベストエフォートでのIPパケットの配送では，100%でのIPパケット転送は保証されないが，ネットワーク機器の障害発生時には，利用可能な代替経路を，最大限の努力（＝ベストエフォート）で検索・計算し，受信したIPパケットが可能な限り宛先のノードに転送されるような努力を行う．

これまでのインターネットの発展と普及を支えてきたインターネットプロトコルのバージョンは"4"であった．**IPバージョン4**（**IPv4**）では，32ビットのアドレス長でノードのインタフェースを示しており，インターネット上には最大で2の32乗個（≒50億個）のインタフェースが存在することが可能であった．当初，50億個のアドレス数はコンピュータネットワークにとって十分な大きさであると考えられていたが，1980年終盤から将来のアドレス数の不足に対応するために，次世代IP（IPバージョン6）の標準化作業が推進された．**IPバージョン6**（**IPv6**）では128ビットのアドレス長を持ち，IPv4の2の96乗倍のインタフェースを収容することが可能である．

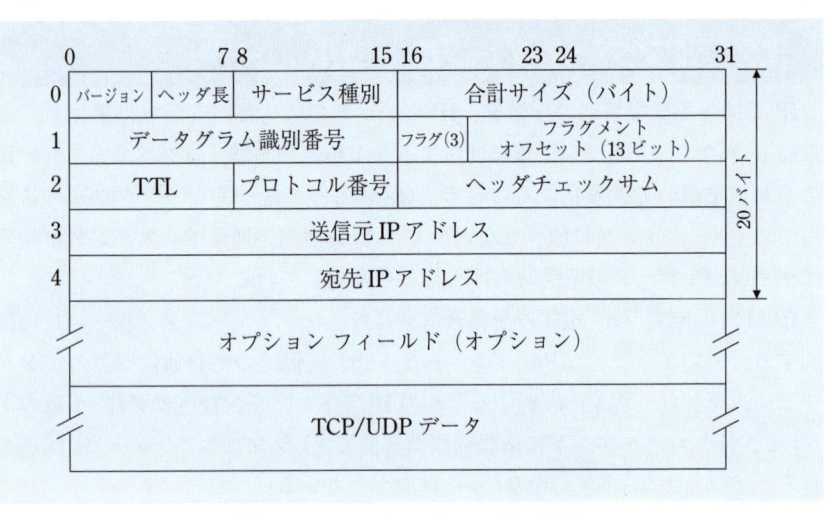

図 3-1 IPv4 パケットヘッダの構造

行	0	7 8	15 16	23 24	31
0	バージョン	ヘッダ長	サービス種別	合計サイズ（バイト）	
1	データグラム識別番号		フラグ(3)	フラグメントオフセット（13ビット）	
2	TTL	プロトコル番号	ヘッダチェックサム		
3	送信元IPアドレス				
4	宛先IPアドレス				

（20バイト）

オプションフィールド（オプション）

TCP/UDPデータ

図 3-1 IPv4 パケットヘッダの構造

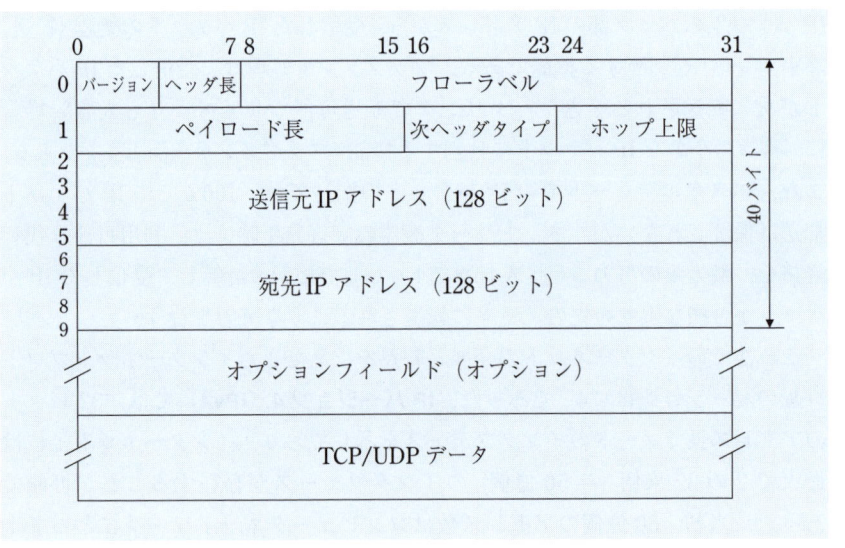

図 3-2 IPv6 パケットヘッダの構造

行	0	7 8	15 16	23 24	31
0	バージョン	ヘッダ長	フローラベル		
1	ペイロード長		次ヘッダタイプ	ホップ上限	
2〜4	送信元IPアドレス（128ビット）				
5〜8	宛先IPアドレス（128ビット）				

（40バイト）

オプションフィールド（オプション）

TCP/UDPデータ

図 3-2 IPv6 パケットヘッダの構造

3.2 インターネットプロトコル：IP　　　　51

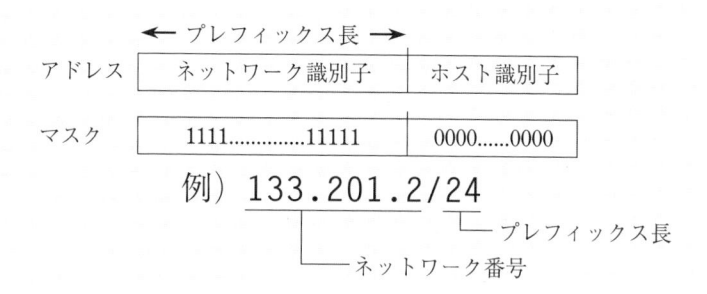

図 3-3 IP アドレス部の構成

　IPv6 では，IPv4 での運用経験をもとに不要な機能の削除が行われた．伝送路でのビット誤りを検出するためのビットチェックサムは，伝送路の品質向上を受け削除された．また，ヘッダ長を示すフィールドは，オプション機能となり，**TLV**（Type Length Value；可変長オプション）形式で表現することになった．さらに，IPv6 ではフラグメント機能がオプション機能となり，その結果，IPv4 ヘッダ中のフラグメント識別子とフラグが削除された．**TTL**（Time To Live）フィールドは，もともとはインターネット中に IP パケットが存在可能な（絶対）時間を示すために用意されたものであったが，実際には IP パケットの通過可能なノード数（＝ホップ数）が TTL の値として使用されたため，IPv6 では名称が**ホップリミット**（ホップ数の上限）に変更された．

　IP アドレスは，図 3-3 に示したように，**ネットワーク部**（network-id）と**ホスト部**（host-id）の二つの部分からなる．ネットワーク部はノードが存在する"ネットワーク"を識別するための可変長のビット列で，ネットワーク部の長さは先頭ビットから数えたネットワーク部のビット数（**ネットマスク**）で表現される．たとえば，"/16"のネットマスクの場合には，上位 16 ビットまでの部分がネットワーク部であることを示し，IPv4 の場合には，{32-16 ＝ 16 ビット} 分のノード，すなわち，2 の 16 乗個（約 6 万 5 千個）のノードを収容できるネットワークであることを示す．なお，ホスト部は，再帰的（recursive）にネットワーク部とホスト部から構成することが可能となっている．ホスト部は複数のノードの集合を表すネットワーク（＝アドレス空間）となっている．このアドレス空間を，適切に分割することによって，ホスト部を，さらにネット

ワーク部とホスト部に再分割することが可能である．このような再帰的な定義を行うことで，アドレス空間（＝ネットワークの定義）のスケールフリー性を実現している．

各ノードのインタフェースは，ネットワーク部とホスト部を組み合わせた IP アドレスによってグローバルに一意に識別される．ネットワーク部は IP パケットが適切な"ネットワーク"に転送されるために必要な情報であり，一方ホスト部は各ネットワーク内で IP パケットが該当する"エンドホスト"に転送されるために必要な情報である．階層的かつ回帰的に（下位の階層構造は上位の階層からは見えず，いわゆる入れ子構造で）ネットワーク部で表現されるアドレス空間を定義することによって，スケールフリーな情報量で IP パケットをグローバルなインターネット空間の中の該当する場所（ネットワーク）に配送することを実現している．これを，**サブネッティング**技術と呼ぶ．

たとえば，図 3-4 に示すように，"/16" のネットマスクをもつネットワーク（ネットワーク A）を考える．上位の階層では，このネットワークは "/16" のネットワークマスクをもつ大きなネットワークとして外のネットワークに見える．ネットワーク A の中では，さらに 8 ビットの長さのサブネット部が定義され，各（サブ）ネットワークは，"/24" のネットマスクをもつネットワークとしてみえる．サブネット化技術を用いることで，上位の階層には，細かなネットワーク（ここでは多数の "/24"）が多数存在するようにはみせず，大きなネットワーク（ここでは一つの "/16"）が少数存在するようにみせることが可能となる．また，下位の階層のネットワークでは，上位の階層のネットワークには何の通知も行わずに，自由にサブネット部を変更・再定義したりすることが可能である．

逆に，複数の連続したネットワークを合わせて，より短いネットワーク部をもつネットワークとして扱うことによって，より少ない情報量で IP パケットの配送を行う方法がある．これを IP アドレスの**アグリゲーション**（**集約化**）と呼ぶ．

アグリゲーションもサブネッティングも，ルータが把握・管理すべきネットワークの総数を小さくすることを目的としている．図 3-5 では，上位の階層にあるルータは，本来七つのネットワークを別々のネットワークとして管理する必要があった．ところが，サブネッティングあるいはアグリゲーションを適用

することで，上位の階層にあるルータで管理すべきネットワークの数は，たった三つに削減することができる．ルータでは，ネットワークごとに管理テーブルを作成し，テーブルの内容を常時更新しなければならない．管理テーブルのエントリーの数が少なければ少ないほど，管理テーブルに必要なメモリ量を小さくすることができ，さらに管理テーブルの検索時間も短くなるため，IP パケットの転送に必要な処理時間も短くすることができる．

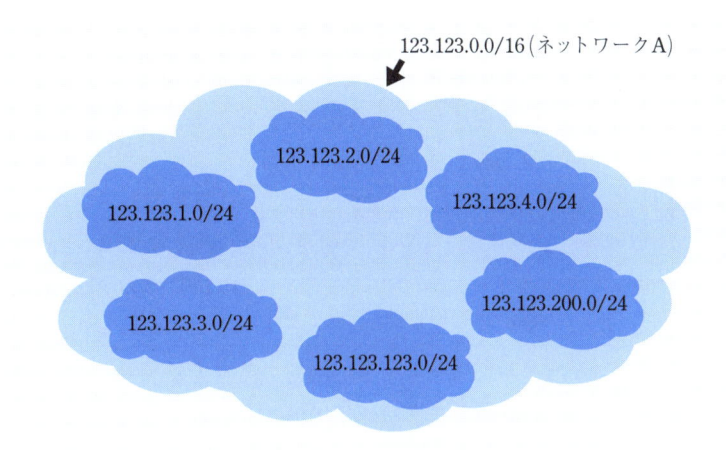

図 3-4 サブネッティングの概念図

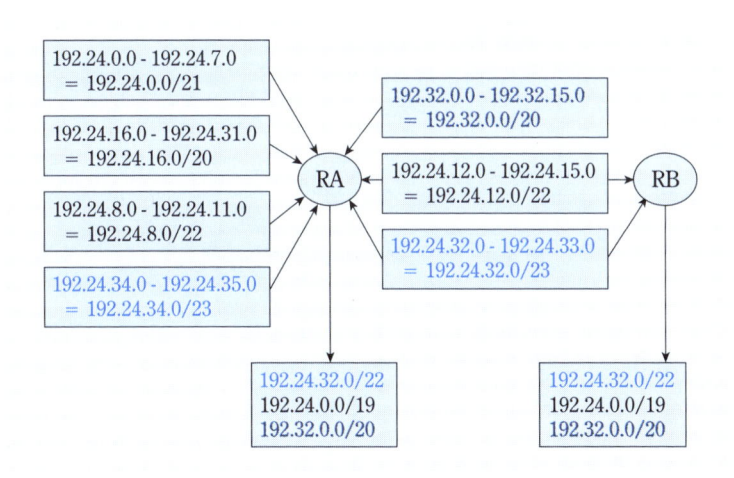

図 3-5 アドレスの集約化の具体例（1）

```
                              0        1        2        3
                              12345678 90123456 78901234 56789012
[1] 192.32. 0.0/20  : 11000000.00100000.0000----.--------
[2] 192.24.34.0/23  : 11000000.00011000.0010001-.--------
[3] 192.24.32.0/23  : 11000000.00011000.0010000-.--------
[4] 192.24.16.0/20  : 11000000.00011000.0001----.--------
[5] 192.24. 0.0/21  : 11000000.00011000.00000---.--------
[6] 192.24. 8.0/22  : 11000000.00011000.000010--.--------
[7] 192.24.12.0/22  : 11000000.00011000.000011--.--------
```

⬇ Aggregate; [2] + [3] = [8] (.34/23 + .32/23)
　　　　　　 [6] + [7] = [9] (.8/22 + .12/22)

```
                              0        1        2        3
                              12345678 90123456 78901234 56789012
[1] 192.32. 0.0/20  : 11000000.00100000.0000----.--------
[8] 192.24.32.0/22  : 11000000.00011000.001000--.--------
[4] 192.24.16.0/20  : 11000000.00011000.0001----.--------
[5] 192.24. 0.0/21  : 11000000.00011000.00000---.--------
[9] 192.24. 8.0/21  : 11000000.00011000.00001---.--------
```

⬇ Aggregate; [5] + [9] = [10] (.0/21 + .8/21)

```
                              0        1        2        3
                              12345678 90123456 78901234 56789012
[1] 192.32. 0.0/20  : 11000000.00100000.0000----.--------
[8] 192.24.32.0/22  : 11000000.00011000.000110--.--------
[4] 192.24.16.0/20  : 11000000.00011000.0001----.--------
[10]192.24. 0.0/20  : 11000000.00011000.0000----.--------
```

⬇ Aggregate; [4] + [10] = [11] (.16/20 + .0/20)

```
                              0        1        2        3
                              12345678 90123456 78901234 56789012
[1] 192.32. 0.0/20  : 11000000.00100000.0000----.--------
[8] 192.24.32.0/22  : 11000000.00011000.000110--.--------
[11]192.24. 0.0/19  : 11000000.00011000.000-----.--------
```

図 3-5　アドレスの集約化の具体例 (2)

3.3 IPアドレスに基づいた処理

　ノードが IP パケットを受信したときには，まずヘッダ部の解析を行う．宛先 IP アドレスが自ノードのインタフェースであれば，これを取り込み，そうでなければ経路表を参照し，受信した IP パケットの転送先への中継転送を試みる．このとき，経路表に転送先を示す情報が存在しない場合には，受信したIP パケットは廃棄される．その他のヘッダ部も同時に解析され各ヘッダ部の情報に応じた処理が行われる．たとえば，TTL (Time To Live, IPv6 ではホップリミット) が "1" のときには，受信した IP パケットは廃棄され，送信元のコンピュータに対してエラーメッセージ (ICMP パケット) が返送される．

　ネットワークインタフェースで受信された IP パケットは，**IP インプットキュー**に転送され，まず，**IP オプション**が処理される．ソースルートオプション（パケットの転送経路を明示的に指定するオプション）の場合には，すぐに **IP アウトプットモジュール**に転送されることになる．宛先 IP アドレスが自ノードである場合には，TCP モジュールあるいは UDP モジュールに IP パケットが転送され，そうでない（自ノードでない）場合は IP アウトプットモジュールに転送される．TCP あるいは UDP モジュールでは，受信した IP パケットが経路制御プロトコルのメッセージであった場合には，メッセージは**ルーティングデーモン**に渡される．また，受信した IP パケットが ICMP リダイレクトメッセージ（指定された宛先 IP アドレスへの IP パケットの転送先を変更する）であった場合には，その内容に従って経路表の変更を行う．IP アウトプットモジュールは，経路表（宛先 IP アドレスから次ホップノードを検索するための管理テーブル）を参照し，次ホップノードに受信した IP パケットを転送するために，適切な情報（データリンクアドレス）を付加し，ネットワークインタフェースモジュールに転送する．

3.4 インターネット管理制御プロトコル：ICMP

ICMP（Internet Control and Management Protocol）は，インターネット層の管理と制御の機能を提供するプロトコルである．IPv6では，マルチキャストサービスの受信者ノードの管理を行う**IGMP**（Internet Group Management Protocol）を含むことになっている．IPパケットがICMPパケットであることは，IPヘッダ中のプロトコル識別子（"1"）により示されている．

ICMPの機能を用いた重要なアプリケーションとして，ノードの接続性を確認するプログラムである"ping"，IPパケットの転送経路を調査するためのプログラムである"traceroute"，さらに，ルータを発見するためのプログラムである"Router Discovery"などが挙げられる．

ICMPの主な機能を図3-6に示した．受信側のノードの受信バッファがオーバーフローしそうなとき，送信側のノードからのIPパケットの転送を抑制するための"Source Quench"機能，TTLがゼロになったことを知らせるエラーメッセージ機能，宛先のコンピュータが経路制御上で到達不可能であることを知らせるメッセージ機能（Host UnreachableおよびNetwork Unreachable），より効率的な中継コンピュータを示すリダイレクトメッセージ機能が図示されている．

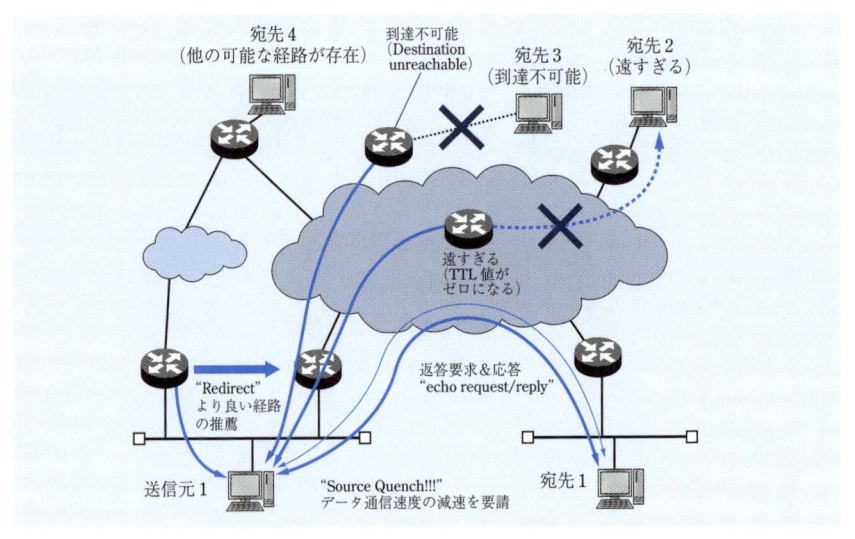

図3-6　ICMPの主要な機能

3.5 経路制御

3.5.1 経路制御の概要

経路制御(**Routing Protocol**)は，インターネットにおけるデータの転送単位であるIPパケットを目的のノードに配送する機能と，「ネットワークのネットワーキング」の機能を実現する．

経路制御機能は，宛先IPアドレス情報を検索エントリーとする経路表を生成管理し，受信したIPパケットを宛先のノードに転送するために，どのノードに受信したIPパケットを(中継)転送すればよいかを決定する．経路表の入力(検索エントリー)は宛先IPアドレスであり，出力(検索結果)は次段のノードの識別子(IPアドレスにほぼ同じ)である．経路制御には，以下のような3種類の方式が存在している．

(1) **静的経路制御**(**Static Routing**)

ネットワークの状況に関係なく維持管理される経路表で，明示的に宛先のネットワークのIPアドレスに対する次段のノードの識別子が書き込まれる．

(2) **動的経路制御**(**Dynamic Routing**)

ネットワークの状況に応じて最適な経路を動的に計算し，それに基づき各宛先ネットワークのIPアドレスに対する次段のノードの識別子を自動的に変更する．

(3) **デフォルト経路制御**(**Default Routing**)

経路表の検索エントリーに存在しない宛先IPアドレスを持つIPパケットの転送先を指定する．外部のネットワークとの接続点が一つしかないスタブネットワークでは，デフォルト経路制御のみでも十分であり，静的経路制御も動的経路制御も必要ない．デフォルト経路はラストリゾート経路とも呼ばれる．

UNIX系のシステムでは，"netstat"というコマンドを用いてノードが持つ経路表の情報を確認することができる．宛先IPアドレス(Destination)に対する次段のノードのIPアドレス(Gateway)や，転送されたパケット数(Use)，次段のノードにパケットを転送するために使用すべきインタフェース，経路の

種別（Flags）などが示される．

　経路制御は自律的に運用されるネットワークを単位として動作し，階層的かつ回帰的にネットワークを定義することができる．複数のエンドホストの集合体が最も下位層のネットワークであり，これらのネットワークの集合が次のレベルのネットワークとして定義される．このようなネットワーキングされたネットワークを，上位のネットワークと定義することができる．すなわち，上位のネットワークからみると，回帰的に（つまり金太郎飴的に）ネットワークがネットワーキングされた構造となっている．

　各ネットワークは，ネットワークの大きさと経路制御ポリシーに適した経路制御方式を，それぞれが個別に選択することができるようになっている．同一の経路制御方式を適用しているネットワークのことを，ルーティングドメインと呼ぶ．

　経路制御は，**AS**(**Autonomous System**) 内で用いられる **IGP** (Interior Gateway Protocol) と，AS 間で用いられる **EGP** (Exterior Gateway Protocol) とに大別される．AS とは自律的に運用されるネットワークのことで，各 AS は 16 ビットで表現されるグローバルユニークな AS 番号を持つ（なお，近年の AS 番号消費量の増大に伴い，AS 番号を 32 ビット (= 4 オクテット) とするための準備が進められている）．プロバイダ (ISP) 1 社で複数の AS 番号を持つこともあるが，一般的には ISP が AS に相当する．

3.5.2　経路制御プロトコルの具体例

　インターネット上で広く使われている動的経路制御プロトコルの代表例を以下に示す．経路制御プロトコルとは，経路制御機能を実現するためにノード間で適用される通信プロトコルである．

3.5.2.1　ユニキャストルーティング

(1) 自律システム内経路制御プロトコル：IGP

　(a) **RIP** (Routing Information Protocol)

　　小規模なネットワークにおいて適用されるもので，BSD や Sun OS などの UNIX 系のシステムにおいては "routed" として標準実装されている．最大ホップ数が 15 ホップまでで，30 秒ごとに距離ベクトル情報（自ノー

ドから宛先ノードに到達するまでの最小距離値，最小距離値を実現するためにとるべき隣接ノードの情報行列），を相互に広告する．最適経路の計算式は以下で与えられる（**Bellman-Ford アルゴリズム**）．距離 $(d(i,j))$ は，ノード i からノード j までの距離を表し，RIP では通過する中継ノードの数を用いている．

$$d(i,j) = min\{d(i,k) + d(k,j), \text{ for all } k\}$$

(b) **OSPF**（Open Shortest Path First）

1970 年頃の ARPANET の大規模化に伴い，RIP での運用が不可能になったために導入されたプロトコルである．ルーティングドメイン内の完全なリンク情報をすべてのノードが保持管理し，この情報をもとに各ノードが独立に最適経路を計算する方法（これを**リンクステート**型という）である．リンクとして，イーサネットなどのデータリンクネットワーク，データ通信回線，コンピュータ自身などを定義することが可能となっている．UNIX 系のシステムでは，"gated" として標準実装されている．2 階層（バックボーンとエリア）の階層状のルーティングドメインを定義することができる．

経路の計算のために利用されるコスト値（費用や帯域，遅延など）は 16 ビットで表現され，経路の計算にはダイキストラのアルゴリズムを用いた **SPF**（Shortest Path First）方式が適用されている．**ダイクストラ**のアルゴリズムを用いて，ネットワークのトポロジー情報（ノードの接続先と，接続リンクおよびノードのコストに関する情報）から，自ノードからネットワーク上のすべてのノードに到達可能な最小コストのスパニングツリー（無限ループが存在しないようにしたネットワーク構成）を計算する．計算されたスパニングツリーが宛先ノードへの最適経路を示している．

(c) **IS-IS**（Intermediate System–Intermediate System）

ISO において標準化されたリンクステート型の経路制御プロトコルで，OSPF のもとになった経路制御方式である．OSPF は，IS-IS を簡略したプロトコルである．IS-IS は階層化の数に制限がなく，また，OSPF と比

較して安定性の高い経路制御プロトコルとされている．なお，ルータとエンドホストの間のプロトコルとしては，ES-IS (End System-Intermediate System) が標準化されているが，実際にはほとんど利用されていない．また，米国の主要な ISP は，IS-IS をバックボーンの IGP として適用している．

(2) 自律システム間経路制御プロトコル：EGP

(a) **BGP** (Boarder Gateway Protocol)

AS 間での経路制御に利用される**パスベクトル**型の経路制御プロトコルである．各宛先 AS のネットワークへ到達するための経路情報を，AS 番号の順序列 (**AS パス**) あるいは AS 番号の集合を用いて表現する．AS の境界ルータは，隣接ルータと，自 AS から到達可能なすべての宛先 AS への到達経路 (AS 番号の順序列である AS パス) を広告する．BGP を用いて経路情報を交換することを，ピアリング (peering) するという．複数の隣接ルータから同一の宛先ネットワークへの AS パスが広告されてきた場合，(原則としては) AS パスのコストが小さい方，あるいは経路選択ポリシー (ある特定のプロバイダを経由したパケット転送を避けるなど) に従って，適切な AS パスを選択する．

BGP では，各 AS の属性を表現することが可能であり，商用のプロバイダ等にとって重要な各 AS の運用/制御ポリシーを反映した経路制御を行うことができる．外部 AS との経路制御プロトコルを E-BGP (External BGP)，AS 内の境界 BGP ルータ間での動作する経路制プロトコルを I-BGP (Internal BGP) と呼ぶ．なお，ポリシーを考慮した経路制御を実現するために，I-BGP では **MED** (Multiple Exit Discriminator)，E-BGP では Local Preference と呼ばれる制御方法が標準的に実装されている．なお，BGP はバージョン 4 (BGP4) からマルチプロトコル化を行い，IPv4 と IPv6 の両方での運用が可能になった．

3.5.2.2 マルチキャストルーティング

送信元ノードが，特定の複数の受信ノード (=マルチキャストグループ) に対して定義されたマルチキャストアドレスを宛先 IP アドレスにして一つの IP パケットを転送すると，ネットワーク内のルータが IP パケットの複製 (コピー) を行い，かつ，複数の受信ノードへの配送経路を管理するプロトコルを，

マルチキャストルーティングプロトコルと呼ぶ．以下のようなマルチキャストルーティングプロトコルが標準化されている．

(1) **DVMRP**（Distance Vector Multicast Routing Protocol）

距離ベクトル方式の経路制御を用いて，送信元ノードから複数の受信ノードへのスパニングツリーを，Bellman-Ford のアルゴリズムを用いて生成する方式である．

(2) **MOSPF**（Multicast OSPF）

リンクステート型の経路制御プロトコルである OSPF を拡張して，ポイントーマルチポイントのスパニングツリーを生成する方式である．

(3) **PIM**（Protocol Independent Multicast Protocol）

ユニキャストの経路情報をもとに，マルチキャストの経路表を生成するRPF（Reverse Path Forwarding）法と**フラッディング**方式を用いた経路制御方式である．現在最も広く利用されている．デンスモード（DM；Dense Mode，受信者が密集）とスパースモード（SM；Sparse Mode，受信者が疎に存在）の二つモードが存在する．PIM-DM では，フラッディング方式が用いられる．一方，PIM-SM では RPF と Pruning（不要になった leaf の刈り取り）によるマルチキャストツリー（送信ノードから受信ノード群へのスパニングツリー）の生成管理を行い，RP ルータ(Rendezvous Point，**共有ツリー**の集結点）を用いた共有ツリー方式と，送信元コンピュータをルートとした**ソースツリー**方式（送信元から受信者ごとに最短経路で配送する）の二つを併用する．

RPF 法は送信元コンピュータへのユニキャストの経路からマルチキャストパケットを受け取ったときのみ，受信した IP パケットを受信インタフェース以外のインタフェースに IP パケットを複製して転送する方式である．RP ルータは，インターネット上に定義された放送局ルータのようなもので，マルチキャストしたいパケットは送信元ノードからまず RP ルータに送信され，RP ルータをルートとする共有ツリーを用いて受信ノード群にマルチキャストパケットを配送する．

(4) **MBGP**（Multicast BGP）

BGP をマルチキャスト用に拡張した経路制御プロトコルである．**MSDP**

62　第3章　ネットワーク層の基本機能

(Multicast Source Discovery Protocol) と同時に動作しなければならない．

(5) **SSM** (Source Specific Multicast Protocol)

特定の放送局ノードからの1対多型のマルチキャストサービスを実現する方式である．IGMP (Internet Group Management Protocol) バージョン3の適用する必要があり，受信側ノードはマルチキャストグループへの参加の意思をIGMPを用いて行う．特に，新しいマルチキャスト経路制御方式を動作させる必要はなく，PIM-SMなどで動作可能である．

3.5.3　NAT機能

NAT (Network Address Translation) とは，**プライベートIPアドレス**をもつ組織内のノードと，グローバルIPアドレスをもつインターネット上のノード間での通信のために，ルータでIPアドレスの変換を行う機能である．正式にグローバルIPアドレスをAPNICなどのIPアドレス管理組織に申請せず，適当なIPアドレスを組織内に割り当てて運用する場合や，グローバルアドレスを必要数確保できないために組織内にはプライベートIPアドレスを割り振って運用している場合など，グローバルなIPアドレスを組織内に持たないときに使用される．

NATでは，IPパケットのヘッダ部のIPアドレスおよびTCP/UDPのポートの変換を行う．いくつかのアプリケーションは，IPアドレス/ポート番号の変換により通信可能となる．アプリケーションの内部でIPアドレスやポート番号を利用するものに関しては，アプリケーションごとに書き換えルールを定義する必要があり，この機能をALG (Application Layer Gateway) と呼ぶ．また，プライベートIPアドレスを使用し，NATルータを介してインターネットに接続されるネットワークをNATセグメントと呼ぶ．

NATは，以下の三つに大別される．

(1) 伝統的NAT

NATセグメント内のノードからインターネット上に存在するノードの方向に，セッションの開始が行われる通信のみが提供される．すなわち，インターネット上のノードから，NATセグメント内のノードに対してのセッションの開始を行うことができない．

3.5 経路制御

(2) 両方向 NAT

NAT セグメント内のノードからインターネットへの方向と，インターネット上のノードから NAT セグメント内のノードへの方向の両方に対して，セッションの開始を行うことができる．

(3) 両変換 NAT

送信元アドレスと宛先アドレスの両方を同時に変換し，両方向でのセッションの開始を可能とする．

Translation Table in NAT-R2

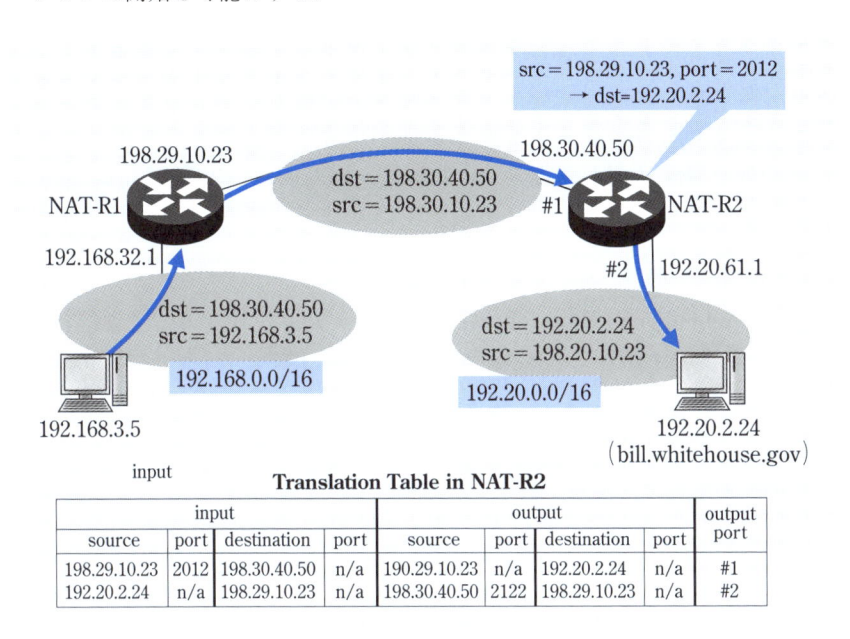

input				output				output port
source	port	destination	port	source	port	destination	port	
198.29.10.23	2012	198.30.40.50	n/a	190.29.10.23	n/a	192.20.2.24	n/a	#1
192.20.2.24	n/a	198.29.10.23	n/a	198.30.40.50	2122	198.29.10.23	n/a	#2

図 3-7　NAT の動作例

3.6 その他の機能群

3.6.1 トンネリング機能

　IPトンネル技術とは，トンネルの始点ノードにおいて受信したIPパケットを新しいIPヘッダでカプセル化して，トンネルの終点ノードまで送るための技術である．**IPトンネル**は，トンネルの途中のルータで，内部にカプセル化されたIPパケットの処理を避けるために用いる．たとえば，途中のルータがIPマルチキャストのような新しいプロトコルを処理できない場合などに利用されている．トンネリング技術を適用すると，物理的なルータの接続構成とは異なった仮想的なネットワークの形成が可能となるが，一方で，IPパケットの転送経路の管理が難しくなってしまう．

　IPトンネルの**カプセル化**方式としては，RFC1241, RFC1853, RFC2003, RFC2784で定義された，四つの方式がIETFによって標準化されている．

3.6.2 PPP機能

　PPP (Point-to-Point Protocol) は二つのノード間でのIPパケット通信を実現するプロトコルである．モデムやISDNを用いてISPにダイヤルアップ接続する場合や，専用線を用いてISPに接続するときに広く使用されている．PPPは，**HDLC** (High-level Data Link Control Protocol) 技術をベースとしており，全2重通信および片方向通信を提供する．ISPで広く普及している**POS** (Packet over SONET：同期光ネットワーク) などで，広く使われている．

　PPPは，IPアドレスの割り当てや認証機能を持っており，インターネットアクセスプロバイダにおいて広く利用されている．ダイヤルアップ接続時のISPからエンドユーザノードへのIPアドレスの割り当てや，エンドユーザのパスワードを用いた認証などを実現する．

　さらに，複数のデータ通信路を統合し，より大きな帯域幅を持つデータ通信路として，PPPを動作させるためのプロトコルとして，マルチリンクPPPが存在する．**マルチリンクPPP**は，データリンクレベルで定義されているInverse-MUX (逆多重化) に類似した機能である．**Inverse MUX**では，複数のリンクを合わせて，等価的により大きな帯域幅を持つデータリンクとして提供するための技術である．

3.6.3 ARP (アドレス解決) 機能

ノードは，イーサネットやディジタル専用線など，さまざまなデータリンクで相互接続される．各データリンクでは，隣接するノードへの IP パケットの転送を行うためのデータリンクプロトコルがそれぞれ定められており，各ノードのインタフェースは各データリンクに対応するデータリンクアドレスをもっている．隣接するノードへ IP パケットを転送するためには，宛先 IP アドレス以外にデータリンクアドレスが必要となる．たとえば，イーサネットでは 48 ビット長の MAC アドレスがそれに相当する．IP パケットを受け取ったノードは，宛先 IP アドレスと経路表から IP パケットを転送すべき次段のノードを決定し，決定した隣接ノードへ IP パケットを転送するために必要なデータリンクアドレスの情報を **ARP** (Address Resolution Protocol) 手順を用いて取得する．

ARP 機能を用いて調べられた MAC アドレスと IP アドレスの組は，ARP キャッシュとして最長 20 分間保持され，ARP 手続きが頻繁に行われないような工夫がとられている．逆に，MAC アドレスから IP アドレスを知る機能を **RARP** (Reverse ARP) と呼ぶ．図 3-8 には ftp を行う場合の ARP 機能を含んだデータフローの概要を示している．なお，ARP キャッシュの状態は，arp コマンドを用いてみることができる．

なお，IPv6 では ARP 機能および RARP 機能は，近隣発見プロトコル (ND；Neighbor Discovery) の機能として定義されている．

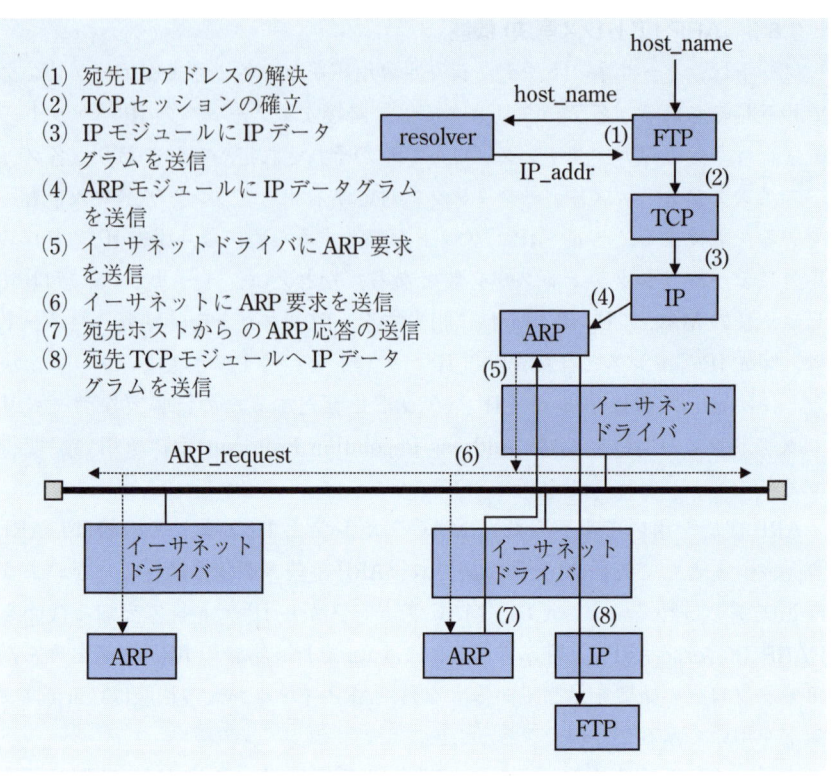

図 3-8 ftp におけるデータフローの概要

3.6.4 アドレス発見機能

記憶媒体やメモリが貴重だった頃，コンピュータには最小限のブート(電源の投入後ユーザがシステムを使えるようになるまでの一連の処理)に必要な情報のみを搭載したディスクレスホストが開発された．ディスクレスホストでは，**BOOTP** (Bootstrap Protocol) というプロトコルを用いて，自身のインタフェースカードの MAC アドレスから自分の IP アドレスを検索し，その IP アドレスを用いてサーバからブートイメージをダウンロードしてシステムのブート動作を行っていた．これによって，ディスクレスホストには各ネットワーク特有の情報を一切持たずに，適切にブート動作を実行させていた．

BOOTP を拡張したプロトコルとして現在も広く使われているのが，**DHCP** (Dynamic Host Configuration Protocol) である．DHCP はアドレスやデフォル

トルータ，DNSサーバ，ネットマスクなど，ネットワークに接続する上で必要な情報を提供可能なプロトコルである．DHCPクライアントはブロードキャスト（MAC）パケット（ff:ff:ff:ff:ff:ff）を使って，DHCPへ要求メッセージを送信する．DHCP要求パケットを受信したDHCPサーバは，ユニキャスト通信を用いてDHCPクライアントに必要な情報を提供する．

DHCPの適用により，DHCPクライアントはネットワークの情報を知らなくても，自動的にネットワークに接続することができるようになる．すなわち，デフォルトルータやDNSサーバなどの設定が変わったり，あるいはホストを移動させて異なるネットワークに接続したりしても，ユーザによる設定の変更作業なしに自動的に必要な情報が設定される．また，必要な数だけIPアドレスが消費されるので，IPアドレスの倹約にも貢献する．

3.6.5 IPSec機能

インターネットで暗号通信とメッセージならびにコンピュータの認証の機能を提供する．IPパケット単位での暗号化と改竄のチェック機能を持っているので，暗号化をサポートしていないアプリケーションを用いても，通信路の途中で通信内容を覗きみられたり改竄されたりすることを防止することが可能となる．

IPsecは，**AH**（Authentication Header）によるデータの完全性確認と認証機能，**ESP**（Encapsulating Security Payload）によるデータの暗号化機能，さらに，**IKE**（Internet Key Exchange）などによる鍵交換機能から構成されている．

IPsecの動作モードにはパケットデータ部のみを暗号化（ないしは認証）するトランスポートモードと，ヘッダを含めたパケット全体を丸ごと「データ」として暗号化（ないしは認証）し新たなIPヘッダを付加するトンネルモードがある．トンネルモードは主として**VPN**（Virtual Private Network）の運用で使用される．

3章の問題

☐ **1** 各ビットが誤って伝送される確率を p とするときに，IPv6 の宛先 IP アドレスが誤って伝送される確率 (Q) を数式で示し，さらに，p = 0.001 (0.1%) の場合の値を示しなさい．

☐ **2** 問題2において，Q が 0.1% 以下になるために必要な p の条件と具体的な数値を示しなさい．

☐ **3** IPv4 および IPv6 において，ネットワークプレフィックスの長さが n のネットワークに収容可能な，インタフェースの総数 (S) を式で示し，n の具体的な数値を，IPv4 および IPv6 で各三つ取り上げそれぞれの場合の S の値を答えなさい．

☐ **4** 下のようなトポロジーのネットワークで RIP を動作させるとする．ノード3が定常状態で保持する距離ベクトル情報を示しなさい．

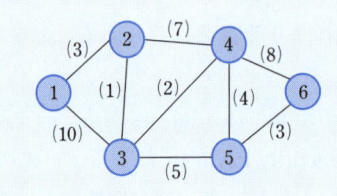

4 トランスポート層

　本章では，情報通信機器間で良好なデータ通信を実現するための機能を提供するトランスポート層を学ぶ．具体的には，データ転送コネクションの管理，転送データの誤りの検出と，その訂正，さらに，データ転送速度の制御である．さらに，複数のアプリケーションが同時に同一の情報機器間で並列的にデータ転送を実現するためのコネクションの多重化機能を提供する．インターネットでは，TCP と UDP の二つのプロトコルが用意されており，さらにマルチメディア化に対応するために，RTP が用意されている．

4章で学ぶキーワード
- ソケット
- TCP
- UDP
- RTP
- フロー制御
- エラー制御
- コネクション管理
- ウィンドウ制御

4.1 トランスポート層の役割

4.1.1 ソケット API

アプリケーションモジュールとオペレーティングシステム (OS) のカーネルモジュールとの間でのデータ通信機能を提供するための **API** (Application Programming Interface) が定義・提供されなければならない．UNIX系のシステムにおいては，ソケット ("Socket") として，API が定義されている．ソケット API は，IP (Internet Protocol) を用いたプロセス間での通信 (**IPC**；Inter-Process Communication) を実現するために抽象化されたインタフェースである．なお，マイクロソフト社の Windows システムでは，"**Winsock**"と呼ばれる API が，ソケット API と等価な API として定義されている．

ユーザアプリケーションは，ソケット API を用いることで，あたかも自分のコンピュータのローカルファイルに対してデータの読み書き (read/write) するように，ネットワークで接続された別のコンピュータのインスタンスに対してデータの読み書き (= Send/Receive) を行うことができる．すなわち，ソケット API はネットワークに存在するインスタンスを抽象化して，仮想的にファイルにみせかけることができる．

アプリケーションモジュールとカーネルモジュールとの間のインタフェースがソケット API として抽象化され統一化されることで，ユーザアプリケーションの開発者は，OS の違いを意識することなく，アプリケーションソフトウェアの開発を行うことができるようになる．すなわち，ソケット API は，さまざまな種別のアプリケーションプログラムに対して，ネットワークサービスをファイルアクセスとほぼ同じインタフェースで提供するための共通の抽象化されたインタフェース (データ構造と機能) を提供していると理解することができる．

図 4-1 は，一般的なコンピュータシステムにおけるインターネット関連のソフトウェアモジュールの構造を示している．TCP および UDP を用いたアプリケーションは，ソケット API を通じてカーネル内の TCP および UDP モジュールとの間でデータの送受信を行う．また，TCP および UDP モジュールは，ソケット API を用いて複数のアプリケーションを同時に実行 (アプリケーションの多重化) させることができる．

4.1 トランスポート層の役割

リアルタイム系のアプリケーション（ストリームアプリケーションなど）では，通常，RTPモジュールを介してUDPモジュールとの間でのデータのやり取りを行う．RTPモジュールは，エンドノード間でのリアルタイムパケット転送に必要な処理と制御機能を実現する．

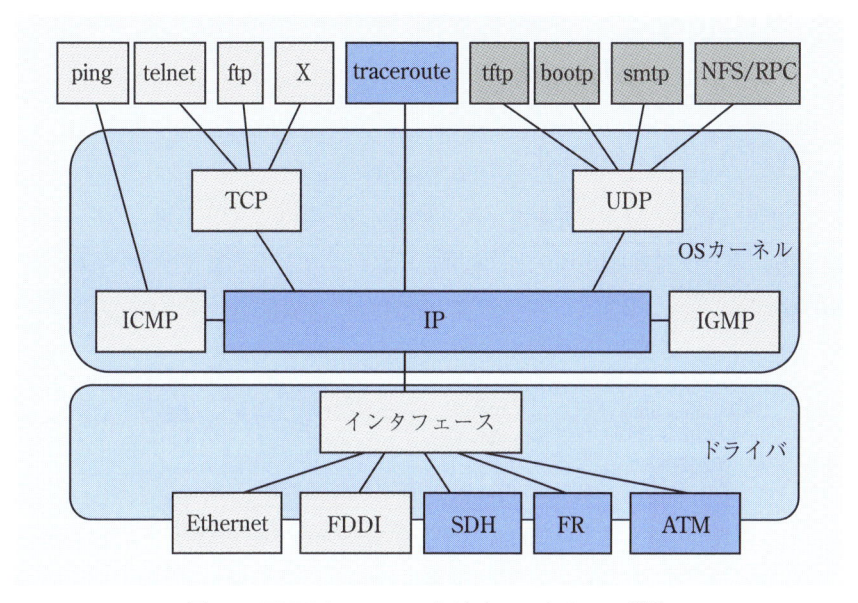

図4-1 UNIXシステムにおけるソフトウェア構造

4.1.2　エンド-エンドでのデータ通信

トランスポート層は，情報通信機器内でのRead/Write命令と同じようにネットワークを介したパケット通信を実現するために，エンド-エンドでのデータ通信機能を提供する．具体的には，情報通信機器の間で誤りのないデータ転送を実現するための要素機能（たとえば輻輳制御，誤り訂正機能）が，トランスポートプロトコルごとに定義され適用される．エンド-エンドでの誤りのないデータ転送を提供することで，情報通信機器内でのプロセス間でのデータ交換と，ネットワークを介したデータ交換とを同一のものとして扱うことが可能となる．

4.2 TCP (Transmission Control Protocol)

4.2.1 コネクション管理

TCP が提供する機能は，以下の四つである．

(1) フロー制御
(2) エラー制御/再送制御
(3) コネクション管理
(4) セッションの多重化

TCP は，TCP ヘッダ（可変長のヘッダで，オプションがない場合 20 バイト）をもち，ポート番号（16 ビット）を用いてセッションの多重化機能を実現する（図 4-2）．

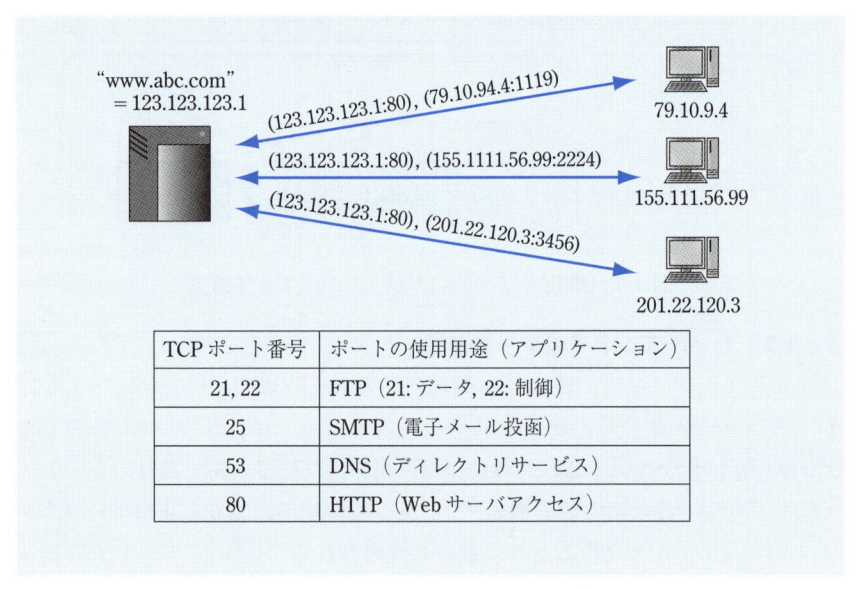

TCP ポート番号	ポートの使用用途（アプリケーション）
21, 22	FTP（21: データ, 22: 制御）
25	SMTP（電子メール投函）
53	DNS（ディレクトリサービス）
80	HTTP（Web サーバアクセス）

図 4-2　TCP におけるコネクション多重化

TCP を用いたデータ通信は，**3 ウェイハンドシェイク**（Three Way Handshake）手順を用いて**ストリームオリエンティッド**（Stream Oriented）に仮想的なコネクション (UNIX 系システムではこれを socket と呼ぶ) を確立する（図 4-3）．

4.2 TCP (Transmission Control Protocol)

クライアントノードから TCP コネクションの設定要求を受けるサーバノードでは，いわゆるデーモン（たとえば ftp Daemon）と呼ばれるプロセスが動作しており，常に，TCP コネクションの設定要求の受信を待ち受ける状態にあるプロセスが常駐している．

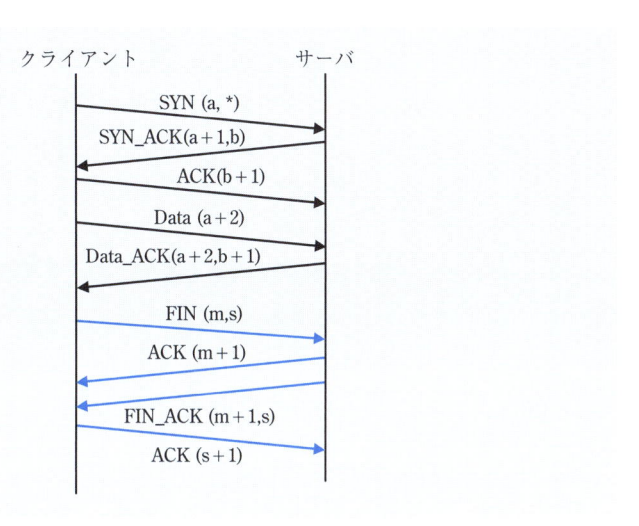

図 4-3 TCP におけるコネクションの設定と解放手順

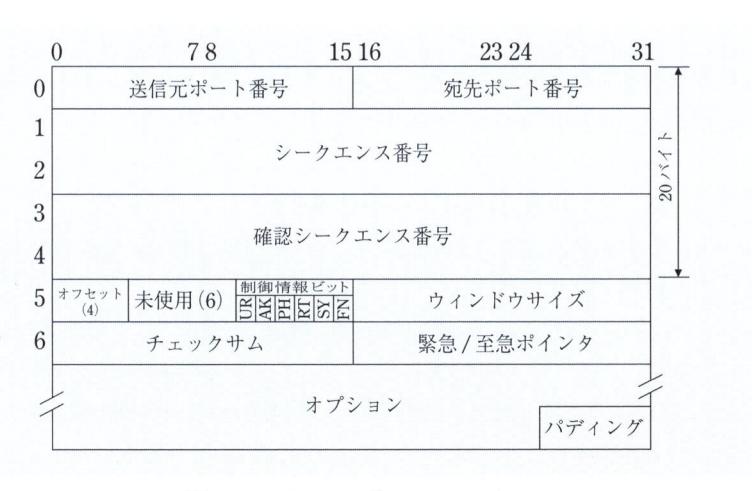

図 4-4 TCP ヘッダフォーマット

デーモンプロセスは，通常はアイドル状態で，TCPコネクションの設定要求（SYNパケットと呼ぶ）の受信を待ち受けている．クライアントノードは，TCPコネクションの設定要求がアプリケーションから発生すると，TCPコネクションの開設を試みる．これにより，クライアントノードのTCPコネクションは**能動オープン**（**Active Open**）の状態となり，**SYNパケット**がクライアントノードからサーバノードに転送される（SYN(a,*)）．SYNパケットでは，TCPヘッダ中の制御フラグフィールドのSYNビットが"1"にセットされる．SYNパケットを受け取ったサーバノードは，SYN_ACKパケットをクライアントノードに返送する．SYN_ACKパケットでは，SYNビットとACKビットの両方が"1"にセットされている．なお，サーバノードはSYNパケットの受信によってソケットの開設処理を開始するので，これを**受動オープン**（**Passive Open**）の状態と呼ぶ．SYN_ACKパケットを受信したクライアントノードは，オープン（OPEN）の状態（TCPコネクションが開設された状態）となり，SYN_ACKパケットに対する受信確認（ACKパケット）をサーバノードに返送する．このACKパケットではACKビットが"1"にセットされている．サーバノードはこのACKパケットの受信によってオープン状態（OPEN）となり，TCPコネクションの開設が完了する．このように，TCPではTCPコネクションの開設完了のために，SYN（クライアント→サーバ），SYN_ACK（サーバ→クライアント），ACK（クライアント→サーバ）の，最低3個のIPパケットのやり取りが行われなければならない．これを3ウェイハンドシェイク（3-Way-Handshake）と呼んでいる．3ウェイハンドシェイクの手順により，TCPコネクションの開設のためのIPパケットが転送中に廃棄された場合でも，良好にTCPコネクションの開設のための状態管理を行うことができる．

一方，TCPコネクションの解放には，四つのIPパケットがクライアントとサーバとの間でやり取りされなければならない．図4-3では，クライアントノードが，TCPコネクションのクローズ（解放）を要求している．クライアントノードは，FINパケット（制御フラグフィールドのFINビットが"1"にセットされている）を送信し，能動クローズ（Active Close）の状態となる．FINパケットを受け取ったサーバノードは，まず，FINパケットに対するACKパケット（ACKビットが"1"にセットされている）を送信する．ACKパケットの送信後，サーバノードはFIN_ACKパケット（FINビットとACKビットが"1"

4.2 TCP (Transmission Control Protocol)

にセットされている) を送信し,能動クローズ (Passive Close) の状態となる. FIN_ACK パケットを受信したクライアントノードは,ACK パケット (ACK ビットが"1"にセットされている) を送信する.クライアントノードはサーバノードからの ACK パケットの受信により**半クローズ** (**Half Close**) と呼ばれる状態になり,その後,FIN_ACK パケットの受信と ACK パケットの送信によりクローズ (Close) の状態へと遷移する.サーバノードはクライアントモードからの ACK パケット (ACK ビットが"1"にセットされている) の受信によりクローズ (Close) の状態へと遷移する.

このように,TCP コネクションの開設には最低 3 パケット,解放には最低 4 パケットがホスト間で交換されなければならない.

TCP を用いたデータ通信では,ホスト間で同時に両方向での送信が可能な全 2 重のデータ通信サービスを提供することができる.また,誤りのないデータ通信を提供するために,データの**送達確認** (**ACK**;Acknowledgement) を行う.正確には送達ではなく,TCP においては,次に受信すべきデータのシークエンス番号が,TCP ヘッダの"**確認応答番号**"フィールド (32 ビット) を用いて,相手側の TCP モジュールに通知されるアルゴリズムとなっている.また,自ホストから転送したデータの末尾バイトのシークエンス番号は,"宛先ポート番号"フィールドの後の"**シークエンス番号**"フィールドで,通信相手の TCP モジュールに通知される.なお,SN (シークエンス番号) は 32 ビットで,TCP モジュールが送信するデータ (バイト単位) の順番をバイト単位で表現している.2^{32} バイト (=約 4GB) のデータが転送されると同じ番号が現れることになる.

図 4-3 における "a, b, m, s" は,シークエンス番号 (SN) を示している.サーバノードを受動オープンにするための SYN(a,*) パケットの "a" は,クライアントノード側のデータの SN を表している ("*" は任意の数).すなわち,クライアントノードは,"a" バイト目までのデータをサーバに送信したことを,サーバノードに通知していることになる.SYN(a,*) パケットを受信したサーバノードは,SYN_ACK(b,a+1) というパケットをクライアントノードに送信する."a+1"は,確認応答番号フィールドの値で,サーバノードは,次には"a+1"バイト目からのデータの転送を期待している (すなわち,"a" バイト目までは受信した) ということを,クライアントに通知していることになる.

一方，"b"はシークエンス番号フィールドの値で，サーバノードは，"b" バイト目までのデータをクライアントノードに送信したことを，クライアントノードに通知している．SYN_ACK(b, a + 1) パケットを受信したクライアントノードは，ACK(b + 1, a) パケットをサーバノードに転送する．ACK(b + 1, a) パケットは，クライアントノードが，次には "b + 1" バイト目からのデータ転送を期待していて ("b" バイト目までは受信した)，サーバノードに向けて "a" バイト目までのデータを送信したということを通知している．

TCP コネクションは，{送信元 IP アドレス，送信元ポート番号，宛先 IP アドレス および 宛先ポート番号} の四つの値の組で識別される．**ポート番号**は，**IANA** (Internet Assigned Numbers Authority) によって管理されている番号空間と，各ユーザが自由に使用可能な番号空間 (49,152 〜 65,535) から構成されている．0 〜 1,023 は既知 (Well-Known) のポート番号，1,024 〜 49,151 は IANA によって予約された (Registered) ポート番号である．たとえば，80 番のポートは，Web システムで使われている http に利用される．

TCP では，TCP モジュールと IP モジュールの間には "send" と "receive" の二つの機能，アプリケーションと TCP モジュールの間には "open"，"send"，"receive"，"status"，"abort" および "close" の 6 つの機能を定義している．"send" は "write" に対応し，"receive" は "read" に対応する．

さらに，TCP においては，ネットワークあるいは通信相手の機器における障害等に対応するため，TCP コネクションが永久に消滅しないようなことが発生しないために，以下の二つの機能を定義している．TCP コネクションの存在確認は，いわゆるデッドロック状態の回避と，メモリーリーク (Memory Leak) のような通信資源の浪費を回避することを目的としている．

(ⅰ) TCP **Persist Timer**

受信ホストから通知されるウィンドサイズが "0" でも，1 バイトのデータは，送信できるようにする．送信ホストからデータが送信できないことにより発生するデッドロック現象の回避と，受信ホストのプロセスの生存確認が目的である．

(ⅱ) **Keep Alive** Timer (生存確認)

Open 状態にある TCP のプロセスが何らかの理由により，TCP コネク

4.2 TCP (Transmission Control Protocol)

ションの解放手順を行うことなく終了してしまう場合には，TCP コネクションを強制的に解放する処置が必要になる．しかし，アプリケーションによっては，非常に長い間にデータの送受信を行わなくても，TCP コネクションを維持したい場合も存在する．そこで，これら二つの状態を区別し，対処するために Keep Alive Timer 機能が定義されている．2 時間ごとに TCP コネクション（通信相手のホストの TCP プロセス）の生存確認を行い，確認応答がない場合には 75 秒間隔で生存確認のためのパケットを転送し，10 回連続して応答がないときには TCP コネクションの解放を強制的に実施する．

4.2.2 フロー制御

TCP におけるデータ転送には，小さなデータを多数やり取りするインタラクティブデータ転送と，大きなデータを効率よく転送するバルクデータ転送が定義されている．

受信側では，TCP コネクションごとに受信用のバッファ（メモリ空間）が割り当てられ，データを受信すると，まず受信したデータを受信バッファに格納し，アプリケーションに対してデータが到着したことを通知する．アプリケーションが受信データを受信バッファから読み出すと，受信バッファからデータが削除され，次のデータを取り込むことができるようになる．アプリケーションが読み出す以上の速度で送信側がデータを送信すると，受信バッファから溢れ出し（**オーバーフロー**），正常なデータ通信ができなくなるばかりか，情報通信機器の動作が不安定になったりする場合がある．

このような事態に陥らないように，TCP では受信側の状態やネットワークの状況に応じて，転送速度を調整するメカニズムが定義されている．これをフロー制御と呼ぶ．

（1）インタラクティブデータ転送

インタラクティブ転送では，基本動作は TTY 入力（キーボード）から入力される 1 バイトデータごとにデータを転送し，受信側は各 IP パケットの受信ごとに確認応答パケット（ACK；Acknowledge）を転送する．このように，1 バイト（1 キャラクタ）ごとにパケットを転送し，その確認パケットが返送されるのでは非効率的な場合がある．そのために，（a）ACK パケットを集約化する遅延確認応答（Delayed ACK）と，（b）送信パケットを集約化する

Negle アルゴリズムが提供されている．

(2) バルクデータ転送

ウィンドウ制御と呼ばれるパイプライン（流れ作業のように順次処理していくこと）状のデータ転送手段を用いて，効率的にデータ転送を行う．

図 4-5 に示すように，ウィンドウ制御では，**ウィンドウサイズ**（バイト数）内のデータ（同図（a）のパケット 1,2,3,4）は，受信ホストからの確認応答を受信しなくても連続的に先送りを行うことができる．これにより，送信側ホストはパイプライン式に IP パケットを送信することができる．送信側ホストでは，ACK パケット（同図（c）の受信 ACK1,2）の受信により受信ホストでの受信が確認された分だけ，ウィンドウをスライドさせる（同図（c），（d））．これを**スライディングウィンドウ**と呼ぶ．

なお，ウィンドサイズは，受信側ホストが送信ホストに通知するもので，受信ホストの使用可能なバッファ量を示している．つまり，受信ホストの空きバッファ量が少なくなると，ウィンドウの大きさを小さくすることによって，受信側でのバッファオーバーフローを回避することができる．

一方，ネットワーク中のルータなど中継機器でのバッファオーバーフローを回避するために，輻輳ウィンドウと呼ばれるもう一つのウィンドウが定義されている．輻輳ウィンドウは送信側ホストにより決定される．実際に確認応答なしに転送されるデータの量は，輻輳ウィンドウとスライディングウィンドウの小さい方の値とするように設計されている．

図 4-5 に示すように，輻輳ウィンドウは ACK パケットの受信状況をもとに制御される（TCP のバージョンによって，さまざまな計算方法が適用されている）．通常，初期値は "1"（バイト）であり（これを**スロースタート**と呼ぶ），閾値以下では指数関数状にウィンドウ幅を増加させる．閾値を超えると線形増加となり，また，輻輳が発生（IP パケットの廃棄）すると閾値を 1/2 に設定する方法が一般的に適用されている．

なお，最も効率的にデータが転送されるときのウィンドサイズは

$$\{BW\} \times \{RTT\}$$

で与えられる．ただし，BW (Band Width) はエンド-エンド間で使用できる帯

4.2 TCP (Transmission Control Protocol)

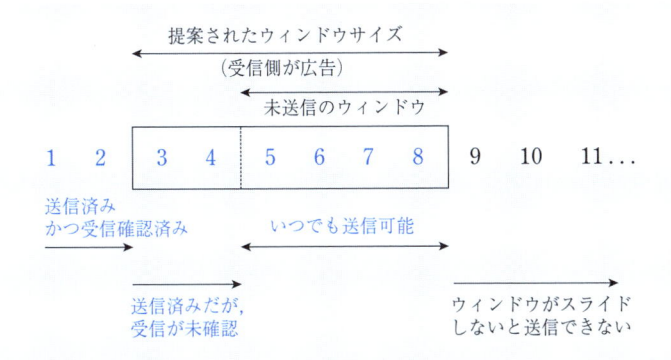

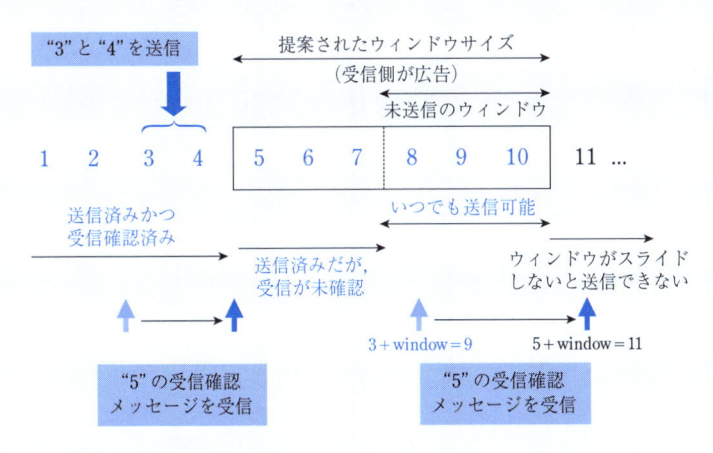

図 4-5 TCPにおけるスライディングウィンドウ制御

スロースタート方式（*cnwd*：指数関数状に増加）

```
cnwd = 1 ;
for (セグメント転送)
    {
    for (輻輳状態にない)
        {
        if (セグメント転送ACK受信)
            {cwnd=cnwd+1}
    cwnd = 1
    }
```

図 4-6 TCPにおけるバルクデータ転送アルゴリズム（擬似コード）

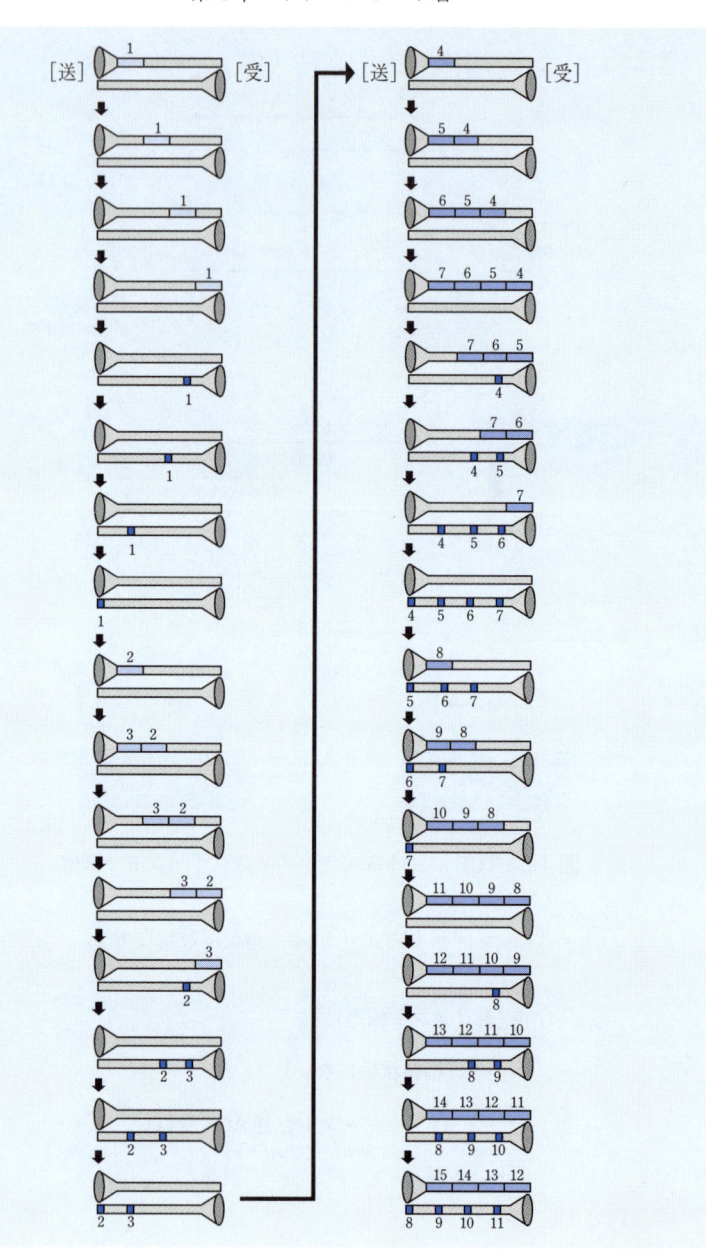

図 4-7　TCPにおけるバルクデータ転送 (スライディングウィンドウの変化)

域幅，RTT（Round Trip Time）はデータを送ってから確認応答パケットが返ってくるまでの時間である．

4.2.3 再送制御

送信したIPパケットがネットワーク内で廃棄された場合には，以下の場合に，IPパケットの再転送が実行される．

（1）再送タイマーがゼロになったとき

RTO（Retransmission TimeOut）以上の時間が経過してもACKパケットが受信されない場合に，IPパケットの再送信を行う．RTOは再送時に2倍に変更され（64秒以上にはしない）．9分間再送を試み，それでもACKパケットを受信しない場合には，TCPコネクションを解放する．なお，RTOは，IPパケットの転送時に測定されるRTT値をもとに計算される．

（2）同一ACKパケットを複数（3回）受信したとき

```
6401:6657(256) ack1                          ack 5889
6657:6913(256) ack1                          ack 6145
6913:7169(256) ack1                          ack 6401
7169:7425(256) ack1                          ack 6657
7425:7681(256) ack1                          ack 6657 ①
7681:7937(256) ack1                          ack 6657 ②
7937:8193(256) ack1                          ack 6657 ③
8193:8449(256) ack1                          ack 6657
6657:6913(256) ack1                          ack 6657
高速再送
"Fast Retransmission"                        ack 6657
8449:8705(256) ack1                          ack 8449 win5888
8705:8961(256) ack1
8961:9217(256) ack1                          ack 8705 win5888
```

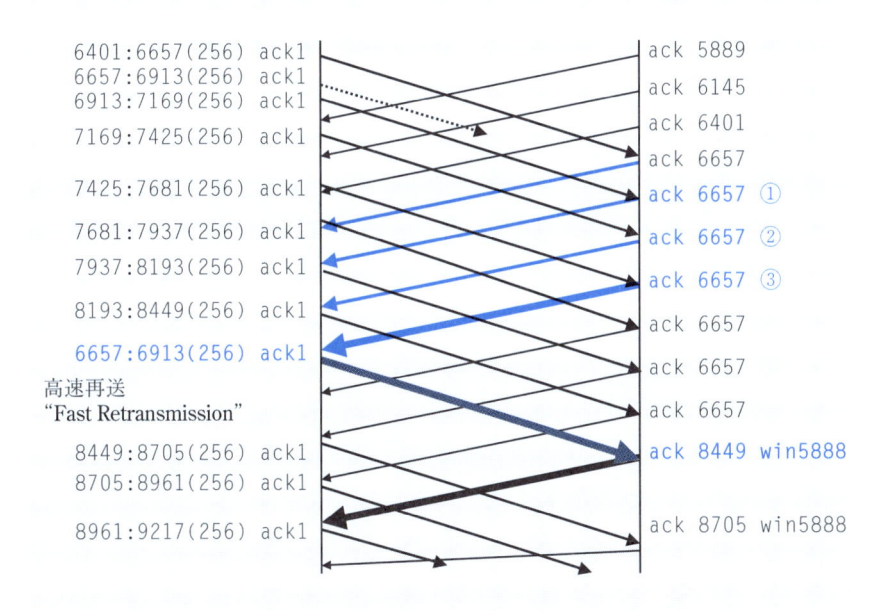

図 4-8　Fast Retransmission の動作概念図

図 4-8 は **Fast Retransmission** あるいは **Fast Recovery** と呼ばれる方法を示している．同図において，紛失するパケット「6657:6912(256) ack 7」は，6577 バイト目から 6912 バイト目までの 256 バイトのデータがあり，受信側ホストに対して "7" バイト目のデータを期待していることを意味している．また，受信側ホストからは，「6:6(0) ack 6657」，すなわち，6657 バイト目のデータ受信を期待しているという ACK パケットが，送信側ホストから送られるデータパケットの受信ごとに返送される．送信側ホストはスライディングウィンドウ制御により，確認応答なしに連続してデータパケットを転送している．送信側ホストは，同一の ACK パケット（正確には，同じ確認応答 SN 番号をもつパケット）を 3 回続けて受信することで，6657 バイト目からのデータをもつパケットが紛失したと判断し，該当するパケットを再送信する．その後，RTT ほどの時間を待ち，再送パケットに対する確認応答 SN 番号（図の例では 8449）をもつ ACK パケットを受信することによって，再送したパケットが正しくデータ受信ホストによって受信されたことを確認する．このような再送方式により，転送途中で廃棄された IP パケットのみが，選択的に再送されることになる．これを**選択再送**（**Selective Repeat**）と呼ぶ．

4.3 TCPにおける拡張機能群

高速データ通信，低遅延トラズアクション処理，さらに無線を用いたモバイル通信など，多様なネットワーク環境に対応するために，TCPでは，以下に解説するいくつかの拡張機能群が定義されている．

4.3.1 パスMTU検索

送受信ホスト間で転送可能な最大パケット長（**MTU**；Maximum Transmission Unit）を検索するためのプロトコルである．ICMPのDF (Don't Fragment) オプションを用いて送信ホストから転送するパケット長を増加させながら，転送可能な最大のパケットサイズを検索する．経路の変更に対応するために10分ごとに実行される．なお，IPv6では必須の機能とされている．フラグメント処理は，通常の情報通信機器（ルータなど）では，例外処理として扱われ，通常処理（Fast Pathと呼ばれハードウェア支援によるパケット処理を行う）とは異なり，ソフトウェア処理となってしまい，パケットの転送効率が著しく低下してしまう．

4.3.2 ウィンドウ拡大オプション

広域でTCPを用いた広帯域なデータ転送を行う場合には，TCPウィンドウ拡大オプションを適用する必要がある．エンド端末間で使用するウィンドサイズを拡大するためのオプションが，RFC1323で定義されている．ウィンドサイズが{RTT × BW}よりも大きいときにのみ，帯域を100%使ったデータ転送が可能である．なお，ウィンドサイズのデフォルト値は64KBとなっている．

表4-1に典型的なネットワーク条件で必要なウィンドサイズを示した．たとえば，45Mbps（T3リンク）のデータ回線が北米の東海岸と西海岸の間に存在する場合には，RTTは約60ミリ秒となるため，64KBのウィンドサイズでは，8.53Mbps（= 64K × 8bits/60ミリ秒）が理論上での最大の転送速度となってしまう．すなわち，45Mbpsの通信回線があっても，エンド端末間では20%以下の通信帯域幅しか利用することができない．60ミリ秒のRTTの環境で45Mbpsの速度でデータ転送を行うためには，約340KB以上のウィンドサイズが必要となる．ウィンドウ拡大オプションでは64KBを基本単位として，その2のべき乗倍の大きさのウィンドサイズを定義することができる．60ミリ秒のRTTをもつ45Mbpsのデータ回線で，エンド端末間で45Mbpsの速度で

データ転送を行うためには，ウィンドサイズを512KB（= 64KB × 8）に設定しなければならない．今後，データ通信のブロードバンド化に伴い，国内でのデータ通信においても，広帯域データ通信が要求される場合には，本オプションを適用しなければならない．

表4-1 必要なTCPウィンドサイズ

ネットワーク	帯域幅(bps)	往復遅延(ms)	遅延・帯域幅積(B)
イーサネット	10,000 M	3	3,750
T1（大陸間）	1,544 M	60	11,580
T1（衛星）	1,544 M	500	96,500
T3（大陸間）	45,000 M	60	337,500
OC12（大陸間）	2,400,000 M	60	7,500,000

4.3.3 トランズアクションTCP

TCPのコネクションの確立および解放には，3ウェイハンドシェイクの手順が用いられ，合計で7パケットが送受信ホストの間で転送される．ユーザデータの転送は，少なくとも3パケットが送受信ホストの間で転送された後でないと開始できない．このままでは，特に少量のデータ転送を行う場合に効率が悪く，コネクションの確立手順の遅延を小さくしたい．このような要求を満たすために，トランズアクションTCP（**TTCP**; Transaction TCP）がRFC1379で定義されている．図4-9に示すように，第1パケットに{SYN＋ユーザデータ＋FIN}を入れ，第2パケットに{SYN＋ACK, ユーザデータ，FIN＋ACK}を入れ，最後の第3パケットに{ACK(for FIN)}入れる．これによって，本来は9パケットが必要だったデータ転送を3パケットで完了することができる．

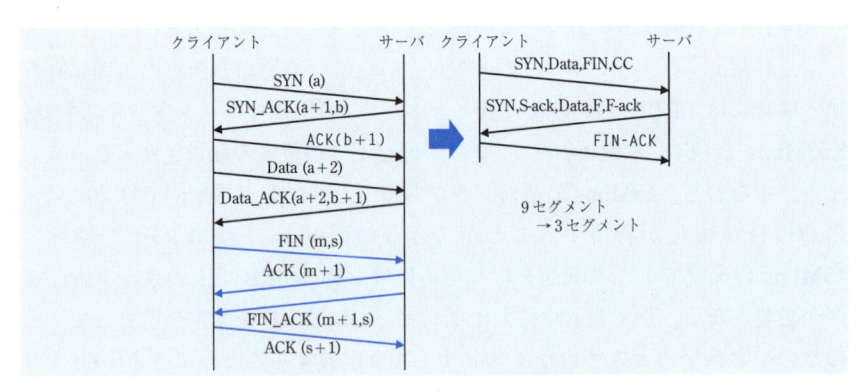

図4-9 トランズアクションTCP

4.3.4 Differentiated Service

DiffServ (= Differentiated Service) アーキテクチャは，アプリケーションごとのフロー (= Socket) を意識せず，IP パケットに記述された優先制御用の情報 (DSCP ; DiffServ Code Point) を用いて相対的な優先制御を行う技術である．IPv4 では 8 ビットの TOS フィールドのうちの 6 ビットが，IPv6 では 8 ビットのトラフィッククラス内の 6 ビットが **DSCP** に割り当てられている (図 4-10)．DiffServ アーキテクチャは，**IntServ** のようにフローごとの状態管理を行う必要がないため，拡張性に優れたインターネット向きの方式といわれている．

DiffServ アーキテクチャでは，すべてのエンドホストが DiffServ をサポートしていることが期待できないため，エッジルータで DSCP フィールドを操作する方法が考えられている．DiffServ ドメイン (同じポリシーで管理運用しているネットワークで通常は ISP などの) は，受信した IP パケットのヘッダ情報をもとに DSCP の操作を行うエッジルータと，受信した IP パケットの DSCP 値をもとに転送スケジューリング (優先制御) を行うコアルータとから構成される．また，複数の DiffServ ドメインにまたがってサービスを提供する場合には，ドメインの境界に位置するエッジルータは，先方ドメインの DSCP 値に翻訳する機能を持つ．

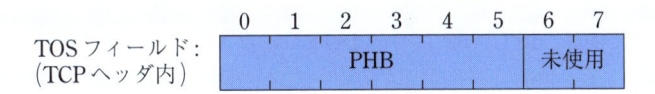

```
          0  1  2  3  4  5  6  7
TOS フィールド： [     PHB     |  未使用  ]
(TCP ヘッダ内)
```

PHB (Per-Hop Behavior) フィールド DSCP 値：

000000	DE (Default Service)
101110	EF (Expedited Forwarding)
Others	AF (Assured Forwarding)
xxxxx0	Standard Purpose
xxxx11	Experimental Purpose
xxxx01	Experimental Purpose

図 4-10 Diff-Serv 用 TCP TOS フィールド DSCP 値

4.4 マルチメディア対応トランスポートプロトコル

4.4.1 UDP

UDP（User Datagram Protocol）は，TCPとは異なり，データを転送する前にアプリケーション間での（仮想）コネクションの確立を行わない．すなわち，ユーザデータが発生したときに，ハンドシェイクすることなくオンザフライ（On-The-Fly）に，UDPパケットを転送することができる．また，データ通信中のデータの紛失やビット誤りを訂正/回復しない．したがって，送信されたデータが受信ホストに誤りなく転送されることを保証しない転送プロトコルである．

UDPは，VoIP（Voice Over IP）や動画転送のように，エンド-エンド間での遅延を小さくすることが，データの誤りよりも優先されるようなアプリケーションに適している．インターネットによるマルチメディアサービスの普及とともに，RTPなどと組み合わせた利用例が急速に増加している．

4.4.2 RTP

インターネットにおけるマルチメディアデータ転送を実現するためのプロトコルとして，RTP（Real-time Transport Protocol）が定義されている．ここで，リアルタイムとは，プレイバックタイミング再生を意味する．すなわち，送受信ホスト間でのデータ転送遅延時間は，基本的には制御対象とはしない．

RTPの基本仕様は，RFC1889および1890で定義されている．RTPは，二つのUDPポート（ユーザデータ(5004)と制御データ(5005)）を用いて，受信データのプレイバックタイミングを制御する．コンテンツごとにRTPのペイロードフォーマットを規定し，各IPパケットがシークエンス番号とタイムスタンプ情報をもつ．

図4-11にRTPが提供する機能の概要を，図4-12にRTPのプレイバックタイミング制御の動作原理を示した．

4.4 マルチメディア対応トランスポートプロトコル

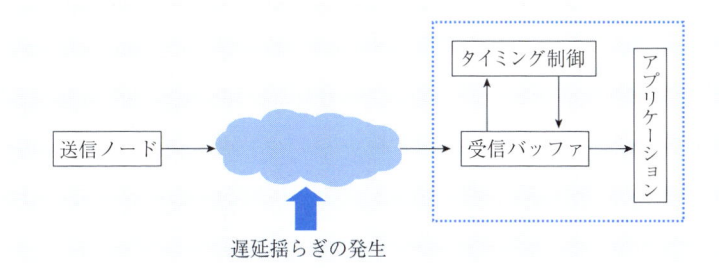

図 4-11 RTP が提供する機能

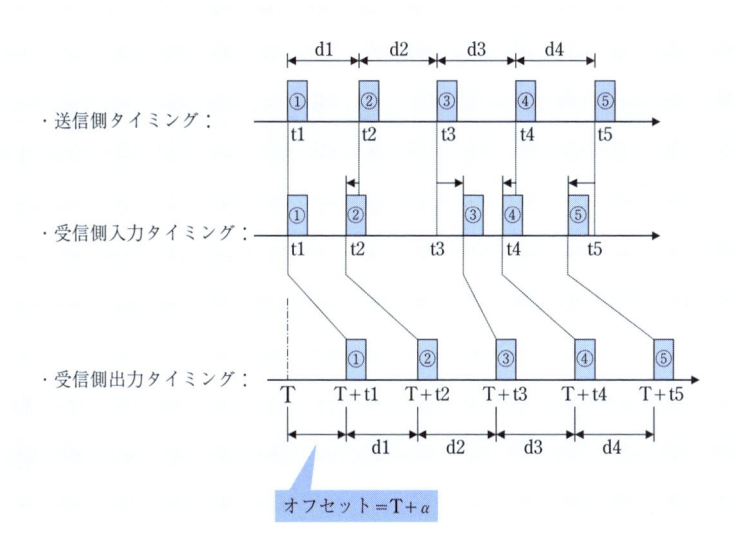

図 4-12 RTP におけるプレイバックタイミングの制御

送信側ホストから受信側ホストに向かってパケットは連続的に送信される（図中①②③④⑤）．それぞれのパケットの送信間隔は，d1，d2，d3，d4 で，送信時刻は，t1，t2，t3，t4，および t5 である．パケット①は，時刻 T に，受信ホストで受信される（パケットの転送遅延は $T-t1$）．パケット②はパケット①の到着後 d1（送信時のパケット①とパケット②の時間間隔）よりも早く到着している．同様に，パケット③は遅く，パケット④および⑤は早く到着している．各パケットは，送信時のタイムスタンプ情報（t1, t2, t3, t4, t5）を保持して

いる．

　受信ホストでは適切なオフセット時間 α を設定し，$P = T + \alpha$ の時間にパケット①をアプリケーションに手渡す．その後，それぞれのパケットに保たれているタイムスタンプ情報をもとに，送信時の各パケットの送信間隔 ($d1, d2, d3, d4$) が保たれたまま，受信側ホストでアプリケーションにデータが手渡されるように，受信データがアプリケーションに手渡されるタイミング (たとえばプレイバックタイミング) の制御が行われる．

　RTP を用いて H.261 動画ストリーム (RFC2032) や MPEG1/2 動画 (RCC2035, RFC2250) などのストリームデータの転送と再生を行うことができる．RTP を用いたデータ転送を制御するために，**RTCP** (RTP Control Protocol) が提供されている．RTCP を用いて，送受信ホストにおける通信品質の監視機能が提供される．具体的には，①送信状態の通知，②受信状態 (パケット紛失率，紛失数，受信パケットの最大シークエンス番号，到着間隔ジッタなど) の通知，③送信ホストの情報，④送信元の退去，⑤アプリケーション情報の伝達の機能である．

4章の問題

☐ **1** TCPのコネクション設定は，通信装置の間で三つのパケットの転送により行われる (3 Way Handshaking) される．3パケットの送受信で，転送途中でパケットが紛失/誤った場合でも動作可能であることを，説明しなさい．

☐ **2** TCPのコネクション設定は，SYN (Synchronization；同期) という機能を実現している．何を同期しているのか，説明しなさい．

☐ **3** 以下のシステムにおいて，TCPを用いてデータ転送を行う場合に，必要なウィンドウの大きさを示しなさい．片道遅延が {5ミリ秒，50ミリ秒，500ミリ秒}，利用可能な帯域幅が {10kbps, 10Mbps, 10Gbps} の場合．

☐ **4** 伝播遅延が T [sec] 帯域幅が 10 Gbps の伝送路を用いて，1KBytes のサイズのパケットを用いて，誤りのないデータ転送を行いたい．受信側は，送信側から送られたパケットを受信するごとに受信確認パケットを生成し，送信側に返送する．送信側は，この確認パケットの受信したときに，はじめて次のパケットを送信するものとする．この場合の，エンドエンドでの最大のスループット B を数式で示すとともに，T = 100 msec の場合の具体的な数値を示しなさい．

5 ディレクトリサービスとシグナリング

　本章では，人間が覚えやすくわかりやすい文字列を用いてコンピュータをアクセスすることができることを可能にするために準備されているディレクトリサービスの概念と，その具体例である地球規模で動作している DNS システムの概要を理解する．さらに，ディレクトリサービスを用いたデータ通信回線(チャネル)を確立するための制御手順であるシグナリングの概念を習得する．

---

5 章で学ぶキーワード
- DNS
- SIP
- FQDN
- シグナリング
- MPLS
- RSVP

5.1 ディレクトリサービスの概念

我々人間がコンピュータへのアクセスを行うときに，IP アドレスのような数字の列を直接用いるのは容易ではない．人間が覚えやすくわかりやすい文字列を用いてコンピュータをアクセスすることができるように，ディレクトリサービス (**DNS** システムなど) が提供されなければ，コンピュータネットワークの利用の利便性を向上することが難しい．

広義ディレクトリサービスは，あるデータ A (キーワードなど) から，それに関係するデータ B を検索し，検索結果を提示するシステムのことを意味する．氏名を入力すると対応する電話番号を提示するシステムや，google.com のような検索エンジンによるキーワード検索のシステムなどがその例として挙げられる．インターネットシステムでは，IP アドレスとノードの論理名との対応関係を検索する**ドメインネームシステム** (DNS) が，実際にグローバルに運用されているディレクトリサービスの典型例である．また，近年急速に普及している IP 電話サービスで導入されている SIP (Session Initiation Protocol) もディレクトリサービスの一つであると解釈することができる．

インターネットシステムには大きく四つのアドレスが存在する．データリンクアドレス (データリンク層)，IP アドレス (インターネット層)，ポート番号 (トランスポート層)，そして **FQDN** (Fully Qualified Domain Name；絶対ドメイン名＝ホスト名＋ドメイン名) である．ポート番号を除いた三つのアドレスは互いに対応関係を持っており，これの対応情報を解決/検索するためのプロトコルと機能が提供されている．

IP アドレスは 32 ビット (IPv4) あるいは 128 ビット (IPv6) のビット列であり，普通のユーザは各宛先コンピュータのインタフェースの IP アドレスを記憶することは困難である．特に，インターネットを用いたアクセスがグローバル化したことで，個別の IP をコンピュータに記憶させることは事実上困難となった．ユーザはビット列を暗記することは非常に困難であるが，論理的な名前は比較的容易に理解し記憶することができる．インターネットにおける論理的な名前である FQDN と IP アドレスとの対応関係を検索し提供するシステムが，DNS である．DNS システムを利用して，FQDN に対応する IP アドレス解決を行うことを「**正引き**」，逆に IP アドレスから FQDN を検索することを

5.1 ディレクトリサービスの概念

「**逆引き**」と呼ぶ.

　FQDN は階層的に定義されたドメイン名と，ホスト名の組み合わせで表現される．これは IP アドレスのネットワーク部 (=**ドメイン名**) と，ホスト部 (=**ホスト名**) に対応する．さらに，ドメイン名は階層的に定義することが可能で，これは IP アドレスにおけるサブネッティングとほぼ同じ概念である．すなわち，たとえば "www.hongo.wide.ad.jp" というコンピュータの場合には，"jp" という日本ドメインの中に "ad" というサブドメインが存在し，さらにその中に "wide" というサブドメインが存在している．さらに，"wide.ad.jp" の中に "hongo" というサブドメインが存在する．"hongo.wide.ad.jp" というネットワークの中の "www" という名前のホストということになる．すなわち，"www" はホスト名で，"hongo.wide.ad.jp" がネットワーク部である．

> **コラム** **レポジトリとレジストリ**
>
> 　Repository (貯蔵庫，倉庫) と Registry (登録所，登記所) は，似て否なるものである．両方とも情報を蓄積するという点は共通しているが，レジストリはある意図を持って情報を計画的に記録貯蔵するのに対して，レポジトリは特別な意図はなく情報を記録貯蔵するものである．ディレクトリサービスを行うためには，レジストリを設け情報の管理を行う．一方，情報検索サービスにおいては，レポジトリに貯蔵された情報を検索する．情報検索もディレクトリサービスの一種であるが，ユーザが情報を登録する行為は一般的に行われないので，レジストリシステムを持たないと考えるのが適切であろう．

5.2 DNSシステム

DNSサービスを提供するために，全世界で分散的にかつ階層的に協調動作するDNSシステムが構築・運用されている．DNSシステムは13個のルートをもつ分散階層化ディレクトリシステムである．

欧州に2個（KとI），北米に11個，アジア地区にはWIDEプロジェクトが管理運用するMルートサーバが1個存在している．なお，ルートDNSサーバは，過去には，確かに13台のサーバ計算機であったが，近年ではその処理負荷の分散と信頼性向上を実現するために，複数のサーバを物理的に分散させ論理的には同じサーバとしてサービスを提供する構造を取っている（具体的には，**エニキャスト**（Anycast）技術を利用）．FQDNは"."（dot）からスタートし，"com"や"jp"などのTLD（Top Level Domain）を辿り，目的のFQDNのデータベースを持つDNSサーバにたどりつく．

DNSシステムの仕様は，RFC1034およびRFC1035に記述されている．DNSサーバのUNIXシステム用のプログラムは，"**named**"と呼ばれ，**BIND**（Berkeley Internet Name Domain）という名前で公開されている．DNSシステムのクライアントソフトウェア，すなわちFQDNからIPアドレスの解決を行うためのクライアントプログラムは"**resolver**"と呼ばれる．UNIXシステムでは正引き（FQDN→IPアドレス）には"gethostbyname"というシステムコール，逆引き（IPアドレス→FQDN）には"gethostbyaddr"というシステムコールが用意されている．

> **FQDN**は階層的にその名前空間が定義されていることは上述の通りである．ルート"."のすぐ下の名前空間を，**TLD**（Top Level Domain）と呼ぶ．TLDには，"arpa"（逆引き用のドメイン），"**gTLD**"（Generic TLD），"**ccTLD**"（Country Code TLD）の3種類が定義されている．gTLDは長い間3文字であったが，ICANNにより3文字の制限が外され，現在では，".name"や".info"などの4文字以上のgTLDが定義可能となっている．

また，gTLDよりも下の階層のサブドメイン名として，従来はASCII（American Standard Code for Information Interchange）文字のみが使われていたが，ASCIIコード以外の文字，すなわち**多言語ドメイン名**の定義を行うことも

5.2 DNS システム

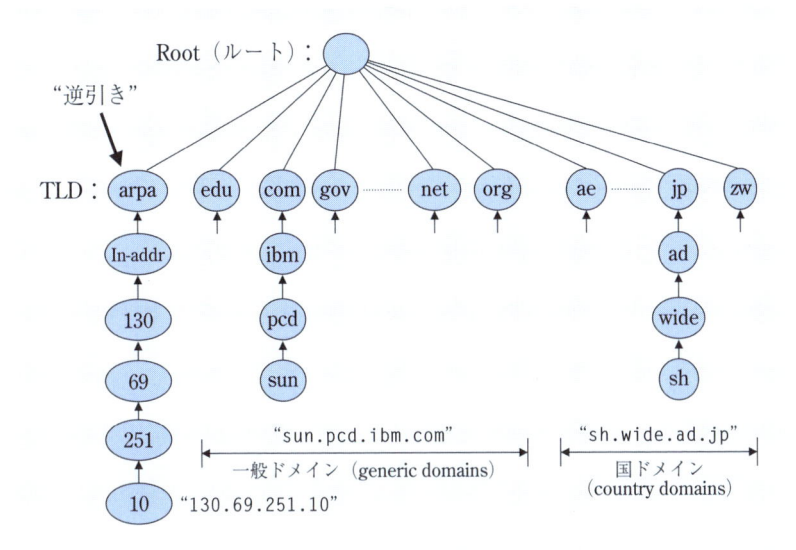

図 5-1 FQDN のグローバルな名前空間

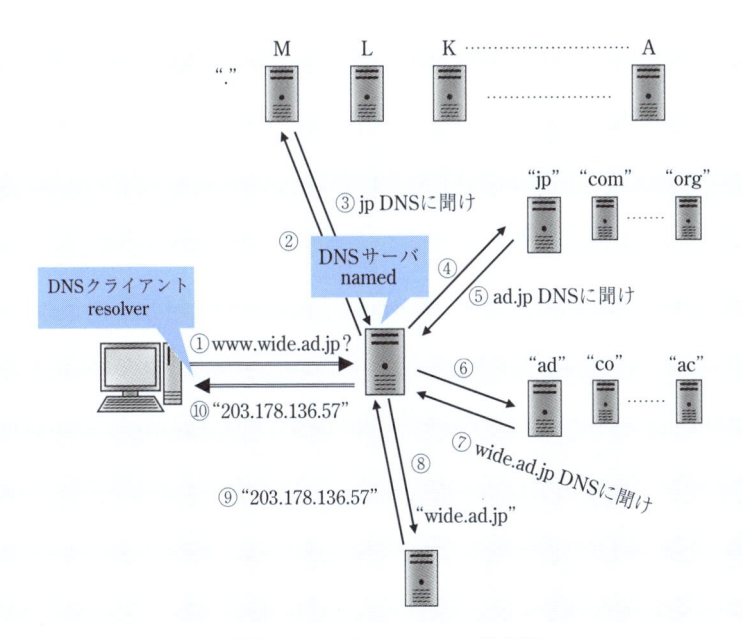

図 5-2 DNS システムの動作例

可能となった．すなわち，たとえばこれまでは"u-tokyo.ac.jp"しか許されなかったが，"東京大学.jp"というFQDNも定義することが可能となった．これは一見英語を母国語としない人々にとっては非常に嬉しい機能のように思えるが，実際にはさまざまな問題を引き起こす．最もやっかいな問題は，文字コードと表示機能の問題である．もともとコンピュータで利用されていた文字コードは，1バイトで1文字を表すASCII文字であった．

日本語をコンピュータで扱うためには，現在，4種類の文字コードが使用されている (EUC, JIS, Shift-JIS, ユニコード)．なお，**ユニコード**は日本語以外の言語にも対応可能な文字コードとしてユニコードコンソーシアムが規定したもので，Windows NTの内部コード，BeOs, Javaなどにおいても採用されている．文字コードごとにFQDNを定義する必要があり，すべての文字コードを持たないコンピュータでは文字化けが発生してしまうことになる．

FQDNの管理を行っているネットワークの単位 (DNSドメイン)を，"**zone**"と呼ぶ．"zone"には，一般的にプライマリィDNSサーバとセカンダリィDNSサーバが存在し，DNSサービスの信頼性の向上を図っている．プライマリィDNSサーバからセカンダリィDNSサーバへのディレクトリ情報のアップデートを"zone transfer"と呼ぶ．FQDNは階層的に定義することが可能である．すなわち，経路制御の構造と同じく，DNSサーバシステムも階層的にかつ回帰的に配置運用することで，大規模化への対応を可能としている．実際に，DNSシステムは分散ディレクトリシステムとして，唯一，グローバルスケールで定常的に運用されているシステムととらえることができる．

FQDNの種類，すなわちDNSサーバに格納される各ノードの論理的な名前の定義としては，以下のようなものが存在する．

- タイプ1 ： Aレコード (IPv4アドレス)
- タイプ2 ： NSレコード (DNSサーバ)
- タイプ5 ： CNAME (エイリアス，ローカルな名前)
- タイプ6 ： SOI (Start of Authority)
- タイプ11 ： WKS (Well-Known Service)
- タイプ12 ： PTR (arpa, 逆引き用アドレス)
- タイプ15 ： MX (メールサーバ)

5.2 DNS システム

・タイプ 28：AAAA レコード (IPv6 アドレス)
・タイプ 35：NAPTR レコード

なお，インターネット上に存在するコンピュータの数が少なかった頃は，DNS の必要性はなく，UNIX システムでは /etc/hosts にノードの論理名と IP アドレスの対応関係を記述していた．その後，SUN OS では LAN エリアでのディレクトリサービスとして **yp** (Yellow Page) や **NIS** (Network Information System) が実装運用された．その後，DNS システム ("named" と "resolver") が実装運用されるに至った．

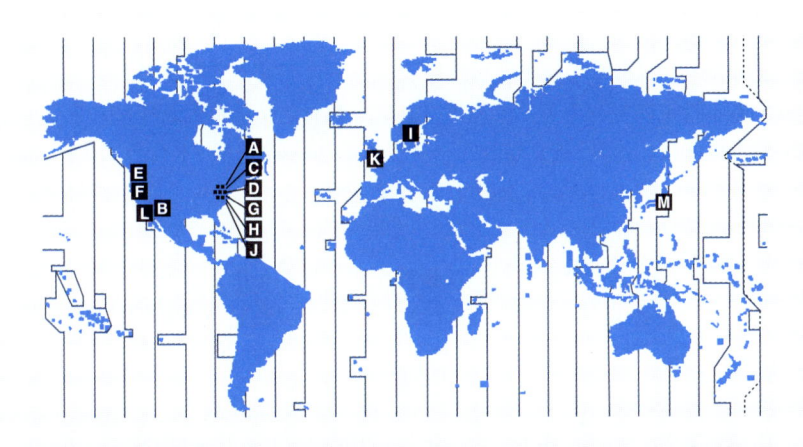

Server	Operator	STATUS
A	Network Solutions, Inc.	Working
B	USC/ISI	Working
C	PSInet	Working
D	UMD	Working
E	NASA	Working
F	ISC	Working
G	DISA	Working

Server	Operator	STATUS
H	ARL	Working
I	NORDUnet	Working
J	(TBD)	Working
K	RIPE	Working
L	ICANN/IANA	Working
M	WIDE	Working

図 5-3　ルート DNS サーバの運用管理組織

5.3 ポリシー制御へのディレクトリサービスの応用

　DNSは，基本的には，ホスト名とIPアドレスの対応関係に関するディレクトリサービスのみである．しかしながら，企業ネットワークなどでは，このような情報以外に，さまざまな情報に関するディレクトリサービスへの要求が高い．特に，ネットワークのサービスに関するものとしては，ユーザやユーザが使用するアプリケーションに応じて，パケット転送の制御ポリシーを適切に制御管理したいという要求が挙げられる．このような制御をポリシー制御と呼んでおり，ポリシー制御を用いて運用されるネットワークをポリシーネットワークと呼んでいる．ポリシーネットワークでは，ユーザ（エンドユーザとネットワーク運用者）が希望する運用規則に従ってネットワークを運用することができる．ある特定のマルチメディアアプリケーションには指定された大きな帯域幅を利用可能にしたり，指定されたセグメントあるいはノードへのアクセスは，指定されたノードからのみに制限したりするなどのポリシーなどがその例として挙げられる．

　このようなポリシー制御のために必要なディレクトリシステムとして，インターネットで広く利用されているプロトコルとしては，**LDAP** (Lightweight Directory Access Protocol) が挙げられる．LDAPの詳細は，RFC1777およびRFC1823に記述されている．LDAPをバックエンドのディレクトリサービスとして用いることにより，**SLP** (Server Location Protocol) や **COPS** (Common Open Policy Service) などが動作する．SLPは，ユーザが必要とするサービスを提供するノードをアクセスするために必要な情報を通知するプロトコルである．たとえば，600dpiの解像度のカラープリンタでA3を印刷できるプリンタを利用したい場合には，SLPにより該当するサーバのIPアドレスと必要なパラメータがエンドホストに通知される．

5.4 SIPシステムとIP電話サービス

SIP (Session Initiation Protocol) は，IP電話サービスを提供するための通信プロトコルとして，広く利用されているが，もともとは，IP電話以外のさまざまな通信サービス (たとえば，映像や**プレゼンス** (Presence) 情報などのコミュニケーションをエンドエンドに提供するための，(i) ディレクトリサービスと，(ii) エンドエンドで動作するセッション管理プロトコルとして設計された．前者 (i) は，電子メールアドレスの形式で表現されるSIPのサービスアクセスポイント (SAP；Service Access Point) を解決する機能である．SIPサーバに対して，SIPクライアントは，ネットワークに接続した際に，自ノードのIPアドレス情報を登録する．SIPクライアントは，目的のノードへ (マルチメディア) セッションの設定を行う際には，SIPサーバへのアクセスを行い (＝シグナリング手順)，通信相手のIPアドレス等のセッションの確立に必要な情報 (e.g. 相手先ノードのIPアドレスとポート番号など) を獲得する．獲得した情報をもとに，宛先ノードへのアクセスを行い，セッションパラメータのネゴシエーションがエンドノード間で行われ，実際のデータ交換が実行される．IP電話サービスでは，伝送・交換されるユーザ情報が音声であり，SIPサーバにより，宛先ノードのIPアドレス情報が解決される．

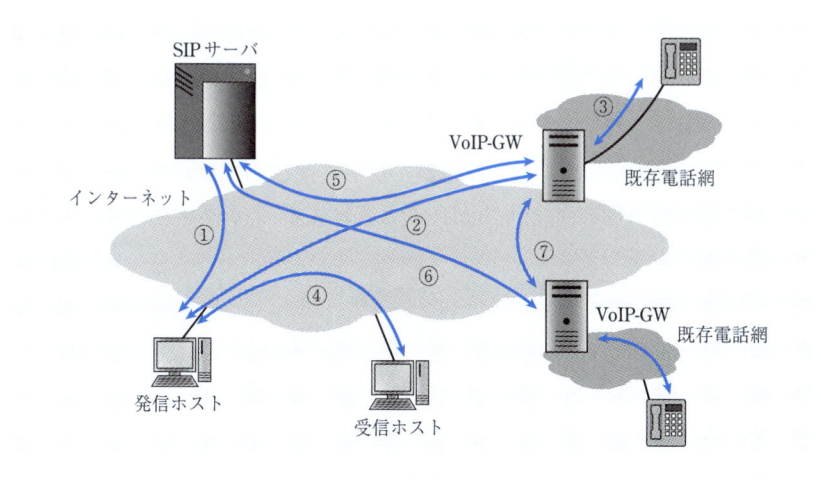

図5-4 IP電話システムの動作概念

すなわち，SIPネットワークは，ほぼ，DNSと同等のサービスを提供していることが分かる．すなわち，宛先ノードを電子メールの形式で表現し（DNSではFQDNで表現），これに対応するIPアドレスの情報を提供（＝解決）するサービスを提供している．なお，SIPに類似した，アーキテクチャとして，ENUMが存在する．SIPも **ENUM** も，同様に，DNSの **NAPTR** (Naming Authority Pointer) エントリーを利用して，サービスを構築している点は，ほぼ，同様のサービスアーキテクチャとなっているととらえることができよう．

NAPTRリソースレコードは，**DDDS** (Dynamic Delegation Discovery System) という体系の中で定義されたDNSのリソースレコードで，以下の二つの機能を持つ．（1）ドメイン名にURIを登録する機能，（2）**SRV** (Server) リソースレコードと組み合わせ電子メールの配送に用いるMXリソースレコードの考え方を一般化し多くのアプリケーションを提供するサーバをそのURI用いて指定する機能，である．

SIPサーバもENUMサーバも，通常のDNSサーバと同様に，動作している．すなわち，SIPクライアント（ENUMクライアント）は，SIPサーバ（ENUMサーバ）に接続し，NAPTRレコードによる通信相手へのアクセスに必要な情報を獲得する．SIPサーバは，通常のDNSサーバと，ほぼ等価である．また，SIPにおけるSIPサーバ間での動作には，DNSシステムが仮定されている．すなわち，SIPシステムは，DNSシステムにオーバレイしたシステムととらえることができる．

SIPもENUMも，送信先のノードへのアクセスを行う以上の動作は，規定していない．すなわち，DNSと同じく，ディレクトリサービスのみを提供しているシステム/プロトコルととらえることができる．このような観点でいえば，Date-Planeへの制御機能が"null"の（インバンド）シグナリングシステムととらえることいができよう．

5.5 シグナリング

　電話回線とTCPコネクションは，複数の交換機/ルータと交換機/ルータを結ぶケーブルを用いて提供される仮想的な回線の代表例である．電話線に接続された情報通信機器（電話機やコンピュータ）は，電話番号を入力し，宛先の情報通信機器への透明な（＝データ加工が行われない）仮想回線の確立を要求する．この仮想回線は，複数の電話交換機と通信回線を介して，確立される．一方，TCPコネクションにおいては，エンドノードは，DNSサービスを用いて，宛先ノードへIPパケットを転送するために必要な宛先IPアドレスの情報を解決（resolve）し，TCPで規定されているコネクション確立手順を実行し，仮想的なコネクションをエンドノード間に確立する．このような，仮想回線を確立するための手続きが，シグナリング手順（Signaling Procedure）である．

　シグナリングには，**アウトバンドシグナリング**と，**インバンドシグナリング**とが存在する．電話回線の確立はアウトバンドシグナリングの典型例であり，TCPコネクションの確立はインバンドシグナリングの典型例である．一般的に，インターネットにおいてはインバンドシグナリングが用いられ，一方，電話系のシステムにおいてはアウトバンドシグナリングが用いられることが多い．後述する，SIP（インバンドシグナリング）とIMS（アウトバンドシグナリング），およびMPLS（インバンドシグナリング）とGMPLS（アウトバンドシグナリング）が，その具体例として挙げられる．

5.6 シグナリングサービスの具体例

5.6.1 電話システムにおけるシグナリング

電話網におけるシグナリング手順は，旧来のディジタル交換網においては **SSNo7** が存在し，**BISDN** (Broadband ISDN) 網においては **B-ISUP** が標準化されている．B-ISUP は，ISDN の広帯域版でありマルチメディア統合サービス網として設計された ATM システムにおけるシグナリングとしてその仕様が ITU-T によって標準化された．SSNo7 手順および B-ISUP 手順を実行するための専用のネットワーク（これを **Control-Plane** 網とも呼ぶ）が構築・運用されている．B-ISUP は，技術の標準化と実装は行われたが，広域広帯域有線網での展開は行われず，第 3 世代携帯電話網の有線ネットワークにおいて展開されているのみというのが，実情である．SSNo7 および B-ISUP は，実際のユーザのデータパケットの転送を行うネットワーク（これを **Data-Plane** 網と呼ぶ）とは独立したネットワーク（＝シグナリングネットワーク）を形成しており，Data-Plane 網に存在する交換機の制御を，Control-Plane に存在する装置が行う構成となっている．このように，Control-Plane からの指示によって，その構成・運用に必要な設定を変更する交換装置を，**ソフトスイッチ**と呼んでいる．後述する，**GMPLS** システムは，SSNo7 や B-ISUP 網と同じく，Control-Plane 網と Data-Plane 網が独立に定義され，Control-Plane のノードが，Data-Plane のノードの制御を行うアーキテクチャとなっている．

ここで，インターネット基盤の上での電話サービスの提供と，IP 技術を用いた電話サービスの実現を目的とした，SIP と **IMS** (IP Multimedia Subsystem) の比較を行う．SIP は，インターネット上での，ピア・ツー・ピアでのセッション確立に必要な情報の提供を行うプロトコルとして，IETF において技術標準化が推進された．電子メールアドレスと同等の表記で表現される SIP クライアントノードの情報から，具体的に SIP クライアントにアクセスを行うための必要十分な情報を提供するのが，SIP の基本機能である．このような観点で考えれば，SIP は，DNS とほぼ同等の機能（＝ディレクトリサービスを提供しているととらえることができる．実際，SIP は，DNS システムを利用しており，具体的には，NAPTR レコードを用いて，通信相手のノードへの（仮想）コネクションの設立に必要な情報（プロトコル，IP アドレスなど）を提供する．

すなわち，SIP は，インバンドシグナリング型のシステムアーキテクチャで，中継ノードへの制御は特には行わない．

一方，SIP の発展型と位置づけられている IMS では，SIP パケットは独立に運用される（アウトバンド）シグナリング網で転送される．IMS の技術仕様は SIP を基盤としているが，アーキテクチャとしては，まったく異なるシステムアーキテクチャを用いて実現されることになる．すなわち，IMS では，SIP 網とは異なり，SSNo7 や B-ISUP と同様に独立なシグナリング網の存在が前提となっている．IMS を適用したシグナリング網は，Data-Plane 網内の IP パケット交換機（機能的には IP ルータに酷似）の管理・制御を司るシステム構成となっている．

シグナリングに関するネットワークアーキテクチャという観点で比較すると，SIP 網と IMS 網は，エンドノードが実装すべきプロトコルは類似したもの（ほぼ，IMS は SIP を包含したスーパーセットのプロトコルとなっている）となるが，まったく異なるネットワークアーキテクチャとなる．

5.6.2 MPLS

MPLS 技術は，当初，ATM スイッチを高速大容量のスイッチエンジンとして用いるアーキテクチャとして提案されたが，IETF においてデータリンクに依存しない形に拡張された．任意の粒度のパケット流に対して固定長のラベルを割り当て，このラベル情報を用いて IP パケットの転送を行う．MPLS システムを構成するルータを **LSR** (Label Switching Router)，LSR によって形成される経路を **LSP** (Label Switch Path) と呼ぶ．LSR は，IP アドレスを用いて転送するインターネット層の転送機能と，データリンクフレームに付加されるラベル（ATM リンクでは ATM ヘッダを転用）を用いて転送するレイヤ 2 スイッチング機能とを併せ持っている．

LSP の設定は LDP (Label Distribution Protocol) や MPLS 拡張を施した **RSVP** などを用いて行われる．LDP および拡張された RSVP がシグナリング手順に対応する．

図 5-5 に示した例では，上流側エッジ LSR から LSP の設定を要求するメッセージを送信すると，これを受信した最下流のエッジ LSR から順に隣接 LSR 間で LSP を設定し，これを識別するためのラベル情報が上流に向けて送られ

る.エッジ LSR 間に LSP が設定されると,その上をパケット流が転送される.

MPLS 技術は 1 種のトンネリング技術ととらえることも可能であり,インターネット層の経路制御によって形成される経路とは独立に,任意の LSR 間で自由に LSP を設定できるとみることもできる.すなわち,ネットワーク運用者のポリシーによって自由に経路を設定することが可能になる.これを**トラフィックエンジニアリング**技術と呼ぶ.

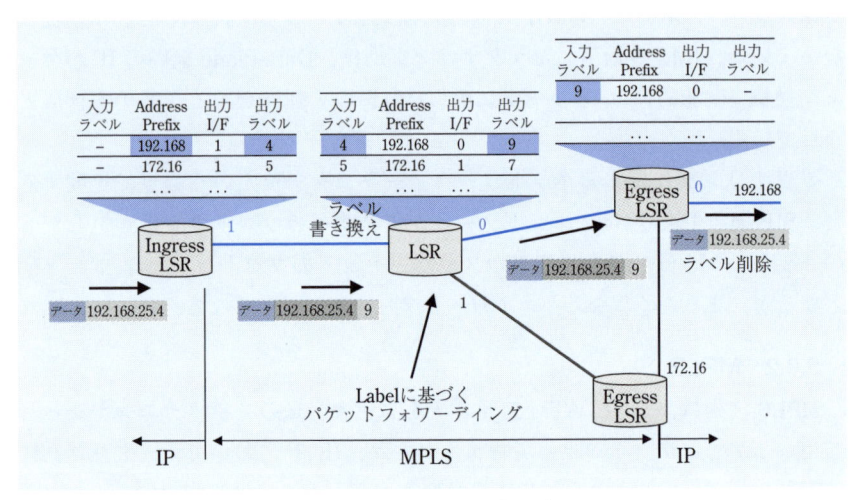

図 5-5 MPLS の動作概念

5.6.3 RSVP

IntServ (Integrated Service) アーキテクチャ (4 章 4.3.4) で用いられるシグナリングプロトコルが,RSVP (Resource reSerVation Protocol) である.RSVPおよび Int-Serve アーキテクチャでは,ルータやホストでの具体的なパケット転送のスケジューリング方法やルーティングなどは規定していない.ソフトステート型の状態管理を採用しており,定期的に予約状況やノードの動作状況の確認を行うことによって予約状態を維持する.RSVP はユニキャスト型とマルチキャスト型のデータ通信の両方を提供するが,予約の対象は片方向である.したがって,2 地点間でのテレビ会議のようなアプリケーションでは,両方向から予約が行われなければならない (MPLS における LDP の管理と同じアーキテクチャであり,したがって,MPLS におけるシグナリングとして拡張された

RSVP が用いられている).

　図 5-6 は,**IntServ** アーキテクチャのメカニズムを RSVP メッセージとパケット流の流れで示したものである.送信元ホスト(上流側)は,送信しようとするパケット流のトラフィック特性を記述した Path メッセージを受信先ホストに向けて送信する.Path メッセージを受け取った受信先ホストは,資源予約を要求する Resv メッセージを上流に向けて発信する.Resv メッセージは Path メッセージと逆の経路を辿って送信元に届けられるが,経路上のルータは Resv メッセージの内容に応じておのおの独立に資源予約を行ってから,上流に Resv メッセージを転送する.Resv メッセージを受け取った送信元ホストは,エンド-エンド間で資源予約が行われたことを確認すると,パケット流の送信を開始する.その後は,Path メッセージと Resv メッセージが定期的に送信され,予約資源の維持も,マルチキャストのメンバー変更や経路変更などが行われる.

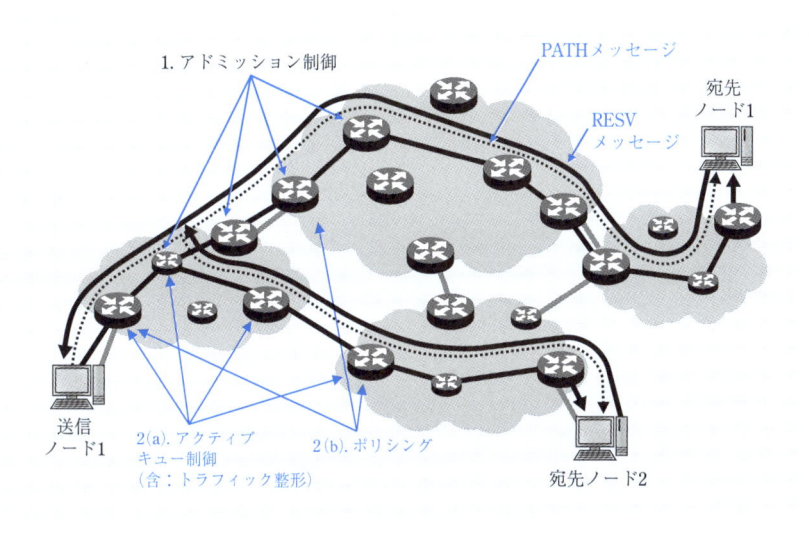

図 5-6　RSVP システムの動作概念図

　RSVP を用いた Int-Serve と,TOS フィールドを用いた Diff-Serve とは,「シグナリング」という観点からみれば,根本的に異なる技術フレームワークである.(RSVP を適用した) Int-Serve はシグナリングプロトコルを持ったシステム

アーキテクチャであるが，Diff-Serve は，特に，**シグナリング**プロトコルの定義を必要とせずに，各アプリケーションフローに対する通信品質制御を行う．

このように整理すると，以下のように分類することができる．

(1) Diff-Serv：シグナリングを必要としないシステムアーキテクチャ
(2) SIP：インバンドシグナリングシステムを持つが，特に Data-Plane への Control － Plane（＝シグナリング網）からの制御が存在しないシステムアーキテクチャ
(3) MPLS/Int-Serv (RSVP)：インバンドシグナリングシステムを持ち，Data-Plane への Control-Plane（＝シグナリング網）からの制御を行うシステムアーキテクチャ
(4) IMS/SSNo7/B-ISUP：アウトバンドシグナリングシステムを持ち，Data-Plane への Control-Plane（＝シグナリング網）制御を行うシステムアーキテクチャ

5章の問題

☐ **1** ドメイン名は，半角英数字を表現する ASCII 文字ばかりではなく，日本語文字も利用可能となっている．あるドメイン名を仮定して，そのドメイン名に対応して，バイナリ表現で何種類の表現が存在するか示しなさい．

☐ **2** ルート DNS サーバにおける負荷分散の手法を調査しなさい．

☐ **3** ドメイン数がどのように増加してきたか調査しなさい．

☐ **4** gTLD (generic Top Level Domain) 名と ccTLD (country code TLD) を調査しなさい．

☐ **5** 既存の電話システム (PSTN)，SIP を用いた IP 電話システム，MPLS，RSVP を，シグナリングネットワークの構成方法という視点から比較しなさい．

6 データリンク・物理層

　ノード(ホストとルータ)間でのディジタルデータ通信は，多種多様の有線および無線データリンクとこれを実現する物理層によって実現される．データリンク・物理層は，物理空間，時間空間，周波数空間(位相と振幅)，符号空間を利用してディジタルデータの伝送を実現している．本章では，物理/データリンク層の基礎技術の概要を習得する．

> **6章で学ぶキーワード**
> - MAC
> - 変調方式
> - 同期
> - 多重化

6.1 物理/データリンク層の基礎技術

インターネットの基本アーキテクチャの一つである "IP over Everything" は，電話回線のような低速回線から光ファイバによる高速回線，あるいは無線を用いた移動通信回線路など，任意の通信回線を用いてコンピュータ同士あるいはネットワーク同士間でのディジタル通信を実現する．

ノード間のデータ通信は，物理/データリンク層で提供される．物理層は伝送媒体に関わる物理的な仕様（ケーブルやコネクタなどの形状や電圧，あるいは信号の特性）を規定しており，データリンク層から渡されたビット情報を各伝送媒体に適した信号に変換する．

データリンク層はネットワーク層から渡された IP パケットを各データリンクで転送可能なデータリンクフレームに変換し，ノード間でのデータの転送を行う．データリンクの種別ごとにフレームフォーマットや伝送媒体のアクセス制御方式（MAC；Media Access Control）が規定されている．

輸送システムを例にとって，データリンク層と物理層を考えてみよう．データリンク層は「乗り物」，物理層は「乗り物が使う物理基盤」に対応する．「乗り物」には，車，電車，飛行機，船舶，自転車，徒歩などが挙げられる．それぞれの「乗り物」(=データリンク)に対して，道路，線路，飛行路，海路，自転車路，歩道などの「物理層」が対応する．「乗り物」(データリンク)は，対応する物理基盤を決められた手順（MAC プロトコル）にしたがって，乗り物 を動かす．「乗り物」が利用する物理基盤は，同じものでも異なる特性を持つ場合もある．例えば，道路には，高速道路，一般道路，あるいは舗装されていない道路などさまざまなものがある．

6.2 物理伝送媒体

以下に有線系および無線系物理伝送媒体を概観する．

(1) 有線系

銅線(メタリック)ケーブルは，周波数の増加に対して急激に減衰が増える特性を持つ．電話回線やLANとして多用されている撚線対(Twisted-Pair)線では数十Mbps程度，CATVなどで用いられている同軸ケーブルは1Gbps程度が限界とされている．

直径0.125mmのファイバは，信号伝送の減衰率が小さくなる波長1.5μm付近(周波数は200THz付近)を用いて，データの転送を行う．長距離基幹通信回線では，波長多重化方式(WDM ; Wave Division Multiplexing)やモデム技術を提供するなどして，数Tbps程度の超広帯域伝送が実用化されつつある．また，LAN環境では，数十Gbpsクラスの伝送技術が実用化されている．さらに，光関連部品の低廉化に伴い，我が国では各家庭までの光ファイバ網(FTTH ; Fiber To The Home)が，急速に普及した．

(2) 無線系

電磁波を用いる無線通信は，15GHz以上で降雨などによって激しい減衰を受けるため，対向形通信では数100Mbps程度が，一方，無線LANや移動通信などの一対多方向通信では，建物などによる電磁波の反射によるマルチパス現象のため，数10Mbps程度が限界とされている．

WiFiとして認知度の高い無線LANは，2.4GHz帯の**ISM**バンドと呼ばれる周波数の利用免許の取得を必要としない周波数帯(これを，アンライセンスバンドと呼ぶ)を使用することで，オフィスや家庭などで広く普及するに至った．

また，26GHz帯などのミリ波や3.5GHz帯などのマイクロ波を利用した加入者無線アクセス(**FWA** ; Fixed Wireless Access)も，短期間で経済的に広帯域アクセス網を整備できることから，広く利用されている技術である．

最近では，2011年のアナログ地上波の停波に向けて，現在，ラジオとテレビに利用されている周波数帯の再割り当てに関する議論が活発に進められている．

電波は限られた通信資源であるため，各国の電波法によってその使用方法(周波数や帯域幅，信号の変調方式，出力電力など)が厳しく定められ管理されている．

6.3 伝送方式

アナログの物理媒体を用いて，ディジタル情報を伝送するためには，ディジタル信号をアナログ信号で表現する必要がある．以下の二つの方式が，一般的に利用されている方式である．

(1) ベースバンド伝送

アナログ信号の ON/OFF（あるいは電圧値）を用いて伝送する方式である．いわゆる，直流伝送である．(直流) 電圧の大きさを用いて情報の伝達を行う．コンピュータの内部バスや **RS232-C** などでは最も単純な NRZ (Non-Return to Zero) 方式が，イーサネットではタイミング信号を重畳したマンチェスタ方式が，さらに ISDN などの長距離通信では直流成分をカットするバイポーラ方式が用いられている．周波数分割多重ができないため，一つの伝送物理媒体を用いて，一つのデータしか伝送できない．

(2) 帯域変調 (位相と振幅) 伝送方式

交流伝送媒体の振幅と位相で伝送する情報を表現する．いわゆる，**モデム** (Modem；MOdulator-DEModulator) である．伝送媒体を周波数空間で分割して利用する．特定の周波数の正弦波信号 (搬送波) をデータに合わせて変化させることを変調と呼び，その逆を復調と呼ぶ．搬送波の振幅を変化させる**振幅変調** (**ASK**；Amplitude Shift Keying)，位相を変化させる**位相変調** (**PSK**；Phase Shift Keying)，二つの ASK を組み合わせて振幅と位相の両方を変化させる**直交振幅変調** (**QAM**；Quadrature Amplitude Modulation) が存在する．

アナログ伝送としては，伝送したいアナログ信号を，伝送信号の振幅で変調する方式 (**AM**；Amplitude Modulation) や，伝送信号の周波数で変調する方式 (**FM**；Frequency Modulation) が挙げられる．一方，ディジタル伝送としては，伝送信号の位相と振幅で表現される複素空間上での値を，伝送したいディジタル信号に対応させることで，情報の伝送を行う．最も単純には，AM 伝送方式で，振幅の有無 (ON/OFF) で，"0" と "1" の情報が伝達可能となる (位相が同じで，振幅が 0 と 1 の場合に相当する)．あるいは，FM 伝送で，"0" を伝送の中心周波数 (Fc)，"1" を {Fc+f} とすれば，0 と 1 の伝送が可能となる．複素空間上で考えれば，位相値と振幅値で表現される座標に伝送したいディジタル

値を対応させれば，より効率的にディジタル情報を，同じ周波数帯を用いて伝送することができる．位相および振幅の粒度は，送受信回路における位相情報と振幅情報の同定 (検出) 精度によって決められる．

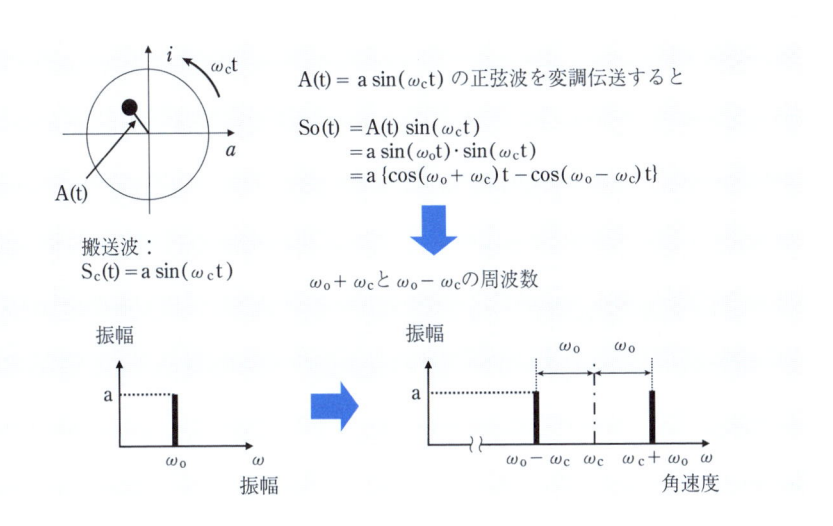

$A(t) = a\sin(\omega_c t)$ の正弦波を変調伝送すると

$$\begin{aligned}
So(t) &= A(t)\sin(\omega_c t)\\
&= a\sin(\omega_0 t)\cdot\sin(\omega_c t)\\
&= a\{\cos(\omega_0+\omega_c)t - \cos(\omega_0-\omega_c)t\}
\end{aligned}$$

搬送波：
$S_c(t) = a\sin(\omega_c t)$

$\omega_0 + \omega_c$ と $\omega_0 - \omega_c$ の周波数

図 6-1 振幅変調方式 (アナログ正弦波の伝送例)

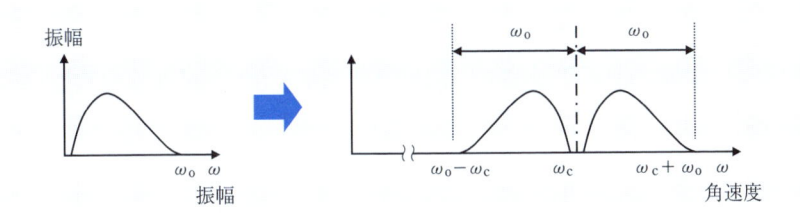

図 6-2 周波数変調方式の周波数特性

(a) 搬送波　　(b) 最も単純な振幅変調

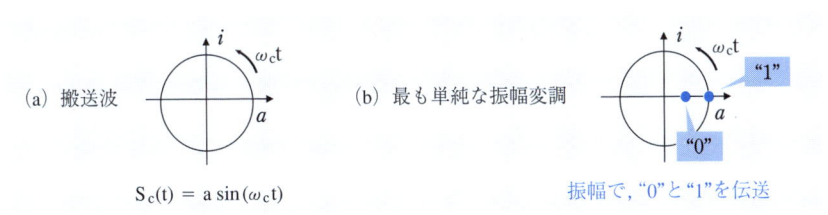

$S_c(t) = a\sin(\omega_c t)$

振幅で，"0" と "1" を伝送

図 6-3 最も単純なディジタル情報のモデム伝送

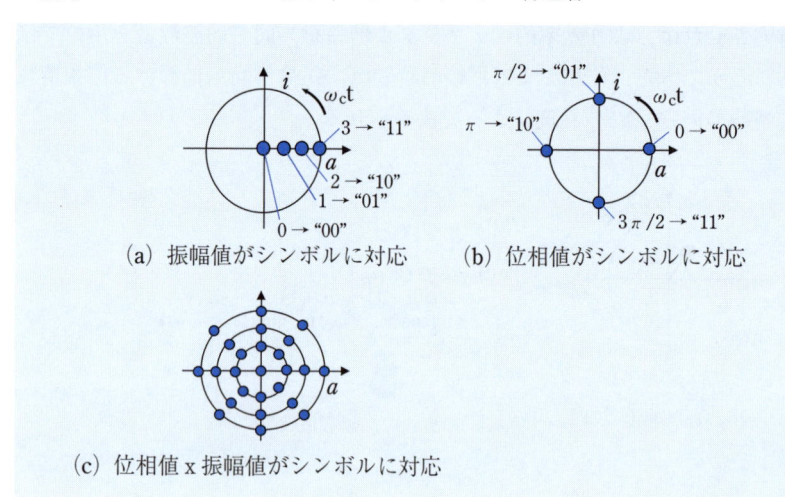

(a) 振幅値がシンボルに対応
(b) 位相値がシンボルに対応
(c) 位相値 x 振幅値がシンボルに対応

図 6-4 モデム伝送（振幅 × 位相）

　光伝送では，通常，IM（Intensity Modulation）と呼ばれる光信号をオンオフ（光パルスに変換）する変調方式（＝ ASK 方式）が用いられてきた．しかし，最先端の光ファイバー伝送方式では，IM 方式ではなく，QAM 変調伝送方式が採用されるようになってきている．すなわち，従来の **WDM**（Wave Division Multiplexing）は，光伝送における（振幅の有無による）AM 変調を用いた方式であったが，最近では，振幅値や位相情報を利用する方式（QAM 変調方式）が実現可能となっており，光の周波数帯域でのモデム通信が可能となってきている．

　マルチパスの影響を受けやすい移動通信では PSK が，CATV を利用したケーブルモデムのように比較的良質な伝送媒体では効率のよい QAM が用いられる．また，無線 LAN や加入者無線アクセスのように高速のデータ伝送を行うシステムでは，マルチパスによる影響を避けるため，**OFDM** 変調（Orthogonal Frequency Division Multiplexing；データを多数の搬送波に分けて搬送波当たりの伝送速度を下げる）や**スペクトル拡散**変調（SS；Spread Spectrum；1 次変調信号を拡散符号で 2 次変調して占有帯域幅を広げて信号に冗長性をもたせる）などの変調方式が用いられている．

　なお，周波数変調技術を用いることで，情報を，より遠くに，より早く（短い伝送遅延）で伝送可能にすることができる．たとえば，音波は空気の疎密状

6.3 伝送方式

態が伝播する波で，約 340 [メートル/秒] の速度で伝播し，距離に対し急速に信号強度が減衰する．しかし，音波を電磁波を用いて変調伝送することにより，光速 (約 3 億 [メートル/秒]) の速度で伝送させることが可能になり，さらに，距離に対する信号強度の減衰特性を飛躍的に向上させる (＝伝播距離を大きくすることができる) ことができるようになる．

　本来，空気を用いて伝播する音を，電気信号に変換し，さらに電磁波を用いて伝送することで，物理現象としての常識を覆すことができる．例えば，楽器の共演/合奏を考えた場合，空気を用いた音の伝送空間では，音の伝播速度が遅いので共演/合奏の空間を地理的に大きくすることが事実上不可能である．しかし，ネットワークを用いることで，地理的に離れた場所にいる演奏家が共演/合奏を行うことが可能になる．あるいは，地震の警報システムでは，地震の発生を検知した場合，地震発生の情報をネットワークを用いて通知することで，地震波が到達する前に地震波の到来に対処することも可能となる．このように，ネットワークは，情報の伝播コストの低下だけではなく，伝播速度の向上による効用も大きな特徴なのである．

6.4 同期方式

2地点間でデータを送受信するには，受信側は送信側と同じタイミングでビット列を読み込まなければならない．さらに，読み込んだ一連のビット列の中から有意なデータを抽出するには，どこから有意なデータが始まるか識別できなければならない．前者をビット同期，後者をブロック同期という．

(1) ビット同期

非同期(調歩)方式と**同期方式**とがある．非同期方式は文字コード (7または8ビット) ごとにスタートビットとストップビットを付加し，受信側ではスタートビットを受信すると自局のタイミングで読み込む方法で，1200bps以下の低速データ伝送でしか使用することができない．

同期方式は伝送路符号化やデータのスクランブル化によってデータにタイミング信号を重畳し，これを受信側で取り出す方法である．なお，イーサネットなどのデータリンクフレーム (パケット) 伝送では，フレームの先頭に数十ビットのプリアンブル信号を付加して，ビット同期を確立する方法が取られている．

(2) ブロック同期

ビット同期は送受信間でタイミング信号を一致させるアナログ回路の機能であるが，ブロック同期は一連のデータの中から特定のフレーム構造や文字コードを検出するロジック回路の機能である．

6.5 多重化方式

同時に複数のノードが伝送媒体を共有して通信することを多重化通信と呼ぶ．多重化方式には，**空間多重**，**時空間多重** (TDM；Time Division Multiplexing)，**周波数分割多重** (**FDM**；F は Frequency)，および**符合空間多重** (**CDM**；C は Code) が存在する．これらの手法は，組み合わせることによって，より高い多重度を実現することも可能である．無線 LAN システムにおける **Frequency Hopping** のように，これらの方式を組み合わせることで，多重伝送を実現するような方式も存在する．

(1) 空間多重 (SDM；Space Division Multiplexing)

物理的に異なる線を複数用意する，あるいは，志向性の高い電波/光/音を用いて複数の無線伝送を異なる方向 (水平方向と垂直方向) に対して伝送することで，一つの物理空間を用いて，複数のデータ伝送を実現する．

(2) 時間多重 (TDM；Time Division Multiplexing)

複数のデータストリームが伝送線 (有線や無線) を共有して利用するために，ある時間間隔(電話系システムのデータ伝送システムである SONET/SDH では 125μ 秒単位) で，フレームを形成し，そのフレーム内に時間方向に複数のスロットを準備する．各データフローは，どのスロットを用いるかが決められ複数のデータフローを多重化伝送することができる．各データフローの通信速度を A [ビット/秒] とすると，n 個のデータフローを多重化するには，B = A×n [ビット/秒] のデータ伝送速度を持つ伝送線を用意すればよい．このように，多重化されるデータフローのディジタル情報伝送速度よりも n 倍高速な (多重化) 伝送線を用意することで，複数のデータフローを一つの伝送線で同時に伝送することができる．

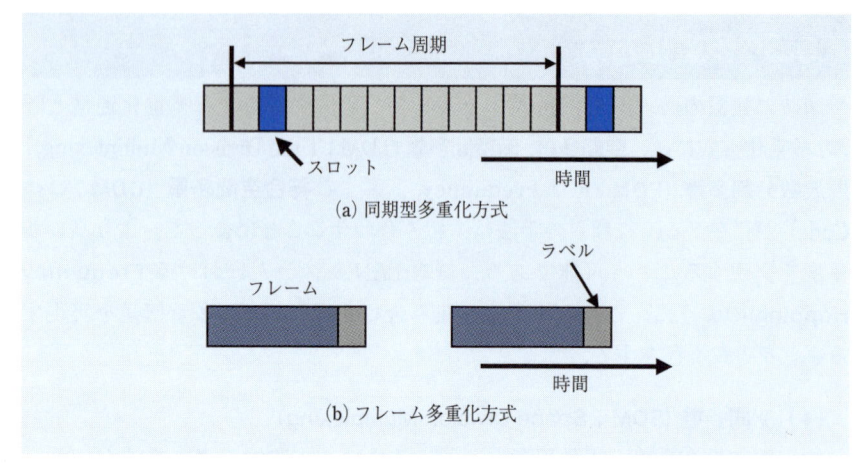

図 6-5 時間多重（TDM；Time Division Multiplexing）化方式

（3）周波数多重（FDM；Frequency Division Multiplexing）

変調伝送方式を利用すれば，ある周波数領域を用いて，ディジタル情報（アナログ情報の伝送も可能）の伝送が可能となる．すなわち，周波数空間を用いて，複数のデータフローを同一の伝送路（有線・無線の両方）を用いて伝送することができる．同一の電磁波伝播空間を用いて，テレビ，ラジオあるいは各種事業用無線（ETC やタクシー無線など）が，それぞれ，政府から割り当てられた周波数（帯）を用いて同時にデータ伝送を行っている．周波数多重方式（FDM）は周波数の異なる搬送波を用いて変調した信号を同じ伝送媒体上に多重する方式で，テレビ放送や CATV などで多用されている．

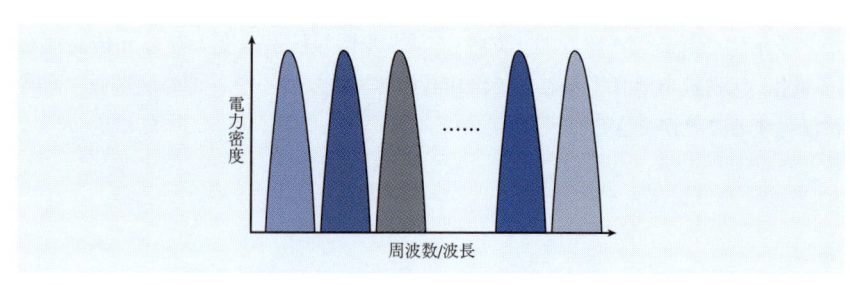

図 6-6 周波数/波長多重
（FDM：Frequency Division Multiplexing）
（WDM：Wave Length Division Multiplexing）

(4) 符号多重 (CDM；Code Division Multiplexing)

符号多重化方式（CDM）は，無線LANシステム等において採用されているスペクトラム拡散変調方式で，拡散符合の違いによって多重する（受信側は送信側と同じ拡散符号で復調するが，拡散符号が異なると雑音に見える）方式で，移動通信などで広く用いられている．

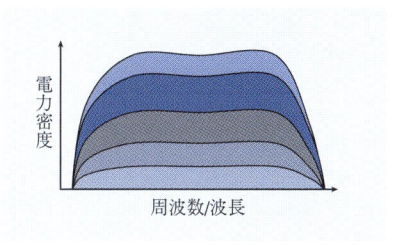

図 6-7 符号多重 (CDM；Code Division Multiplexing)

> **コラム** 空間多重と周波数多重の関係
>
> 時間空間 と 周波数空間 は，数学的に双対の関係を持っていることは，複素幾何学で学ぶところである．時間空間での多重化方式には，時分割多重とパケット多重の2つの方式が存在する．時分割方式は，時間空間を (時間の) スロットに分割し，分割された時間スロットをあるユーザが占有して利用する形態である．一方，パケット多重では時間空間を各ユーザが他のユーザに使用されていないことを確認し通信資源を使用することで，複数のユーザが同時に通信を行う形態である．それでは，時間空間と双対をなす周波数空間での多重化方式をみてみよう．周波数多重方式は，周波数空間を (周波数の) スロットに分割し，分割された周波数スロットをあるユーザ (通信キャリアなど)が占有して利用する形態である．それでは，周波数空間において，パケット多重と同じ方式も存在するのであろうか．無線LANで適用されている 周波数ホッピング (Frequency Hopping) 方式と，Cognitive Radio 方式が，周波数空間におけるパケット多重に相当する．Frequency Hopping は，与えられた周波数の帯域の中で，使用する周波数を時系列に変化させながら，通信を行うもので，あるユーザが周波数帯域を占有利用するものではない．また，認知無線 (Cognitive Radio) 技術は，使用されていない周波数帯を検知 (Cognize) し，これを利用して通信を行うものである．時間空間における時分割多重とパケット多重の特長に関する同様の関係が，周波数空間における周波数多重方式と Frequency Hopping / Cognitive Radio 方式 の関係に合致することは興味深い．すなわち，周波数多重方式は，ユーザに対して通信品質の保証を行うことができるが通信資源の利用効率は高くならない．一方, Frequency Hopping 方式および Cognitive Radio 方式は，周波数資源が利用できない場合もあるが，通信資源 (=周波数資源) の利用効率を実現することができる．

6.6 アクセス制御方式

複数のノードが伝送路（リンク）を共用している場合，どのノードがリンクを使用（アクセス）するかを管理制御することを**メディアアクセス制御**（**MAC**；Media Access Control）と呼ぶ．

(1) 固定スロット割り当て方式

各ノードは前もってシグナリング手続きを行い，利用すべきタイムスロットを割り当ててもらい，常に同じタイムスロットを用いてデータ伝送を行う方式である．電話やISDNがその典型例である．

(2) コンテンション方式

イーサネットなどで用いられている**CSMA/CD**（Carrier Sense Multiple Access with Collision Detection）方式が代表的である．各ノードはリンクの使用状況を監視し，誰も伝送していないときにのみデータを送信する．ほぼ同時に複数のノードが送信すると衝突が発生する．衝突に関与したノードは，直ちにデータの送信を中止し，所定の衝突回避動作を行う．近年の動作クロックの高速化は，本方式の高速化にとって大きな障害となりつつある．

(3) トークン方式

FDDIなどで用いられている方式である．各ノードは，ネットワーク上を巡回しているトークンを獲得したときのみデータの伝送を行うことができる．

6.7 データリンクの形態

データリンクには大きく三種類の形態がある．

(1) ポイントポイントリンク

糸電話のように，二つのノードの間を接続するデータリンクで，送信されたデータリンクフレームは，必ず接続先のノードに転送される形態である．ディジタル専用線が，その典型例となる．

(2) Non-Broadcast Multiple Access Link (NBMA)

電話網のように，コネクションの設定手順（シグナリング）を用いて，複数のノードに別々もしくは同時にデータリンクフレームを転送するためのコネクションを設定する形態である．

(3) Broadcast Multiple Access Link (BMA)

イーサネットやFDDIなど，ノードが転送したデータリンクフレームは，同一データリンク内のすべてのノードに放送され，宛先データリンクアドレスをもつノードがフレームを収容受信する．すべてのフレームが放送されるので，NBMAのような複雑なシグナリング手順を必要としないのが特徴である．

6.8 誤り訂正方式

伝送路の雑音や信号の減衰などによって生じたビット誤りを訂正する方法には，(1) 受信側で誤りを検出し送信側に誤った部分の再送を要求する自動再送要求方式（**ARQ**；Automatic Repeat reQuest）と，(2) 受信側で誤ったビットを訂正する前方誤り訂正方式（**FEC**；Forward Error Collection）とがある．

ARQ方式では，巡回符号の一つである**CRC**（Cyclic Redundancy Check）がよく用いられる．これは任意長の情報ビット配列を高次の多項式とみなして，これを特定の生成多項式で割り，その余り（MOD）を検査符号として情報ビット配列のあとに付加して送信し，受信側では同じ生成多項式で割り算を行い，余りがなければ，誤りがなかったと判定する方法である．生成多項式は，シフトレジスタと排他的論理和回路によって構成することができる．また，受信側では，同じ回路を使って受信データの検査を行うことができる．

FEC方式では，情報ビット配列を一定長のブロックに分割し，ブロックごとに検査符号を生成する方法が広く用いられている．検査符号を生成・付加しなくても，転送された信号語（一般に，振幅と位相の組み合わせで表現される）と信号語が存在すべきシンボル間のハミング距離の情報を用いて，本来転送された信号語に訂正することも可能ではある．しかしながら，バースト的に継続するビット誤りや複数のビット誤りに対応するために，一般的には，検査符号の生成と転送が行われ，ビット誤りの訂正作業が行われる．

6.9 フレーム伝送制御方式

データリンクフレームの送受信をスムーズにかつ正確に行うためには，データリンクフレームに対する 誤り検出/再送/訂正などの制御が提供されなければならない．データリンクごとにいろいろな方式が定義されているが，ほとんどが HDLC（High-level Data Link Control Procedure）制御手順をベースにしている．

(1) HDLC 制御手順

ISO 7766 で国際標準化されたもので，IBM 社の SDLC（Synchronous Data Link Control）をベースとする制御手順である．送信ノードと受信ノードの間で，図 3-4 に示すフレームフォーマットを用いてコマンド（命令）とレスポンス（応答）のメッセージのやり取りを行う．

(2) LAPB/LAPD 手順

LAPB（Link Access Procedure Balanced）は，X.25 パケット交換で適用されていたフレーム伝送制御手順である．LAPD（Link Access Procedure on the D-channel）は，ISDN の D チャネルに適用されていた．なお，LAPB も LAPD も HDLC 手順のサブセットである．

(3) LLC (Logical Link Control) 手順

IEEE802 系のリンク（イーサネットや FDDI など）におけるフレーム伝送手順として利用されている．MAC フレームの上に，HDLC をベースとする LLC 手順が埋め込まれている．

6章の問題

☐ **1** 一つの伝送物理媒体を用いて，複数のデータ流を同時に転送する方式を列挙し，それぞれ，簡単な説明を行いなさい．

☐ **2** 10kbps から 100Gbps のバス (あるいはバスと等価な空間) で，1,000 ビット単位のデータを転送する場合に，50% 以上のデータ転送効率を実現可能なバスの距離を示しなさい．ただし，信号は光速で伝播可能とし，データの転送に関するスケジューリングは別途行われ，完全に遅延なく，データがバスに転送可能と仮定する．

☐ **3** 電磁波，光ファイバ，同軸ケーブル，電話線に関して，距離に対する信号の減衰率特性を調査しなさい．

☐ **4** なぜ，アナログ技術を用いた xDSL 技術が，ディジタル技術を用いた ISDN 技術よりも大きな利用帯域幅を提供可能である理由を考察しなさい．

☐ **5** モデムの動作原理を簡単に解説しなさい

7 コミュニケーションツール

　IP パケットと TCP ソケットを用いてノード間でのディジタル通信が実現される．人々は，このディジタル通信機能を用いて，種々のコミュニケーションツールを研究開発し利用してきた．本章では，まず，インターネット上で最も広く利用されている電子メールシステムを取り上げ，その後，インターネット電話やチャット，あるいは SNS(Social Networking System)など，人々が利用している主要なコミュニケーションツールのアーキテクチャの概略を把握する．

> **7 章で学ぶキーワード**
> - 電子メール
> - 多言語対応
> - ニュース
> - インターネット電話
> - チャット

7.1 電子メールシステム

7.1.1 電子メールシステムの概要

電子メールは E-Mail (Electronic Mail) とも呼ばれているもので，インターネットを通じてデータやメッセージを指定されたユーザの間でやり取りするシステムである．電子メールは，インターネットの創生期から現在に至るまで広く利用されているキラーアプリケーションの代表例である．

電子メールを送信するためには，普通の郵便物と同様に宛先（電子メールアドレス）を指定しなければならない．電子メールは，**SMTP** (Simple Mail Transfer Protocol) と呼ばれるプロトコルを用いて，電子メールアドレスで示されるユーザの電子メールを受信保存するメールサーバの中の所定のメールボックスに転送される．ユーザは自身のメールボックスをアクセスして，保存されている電子メールを読むことができる．メールサーバに保存されている電子メールを別のコンピュータ（クライアントまたはサーバ）にダウンロードする仕組みとして **POP** (Post Office Protocol) あるいは **IMAP** (Internet Message Access Protocol) というプロトコルが定義されている．なお，電子メールが郵便メール (Postal Mail) に比べて非常に速くメールを配送することができるので，郵便メールを Snail Mail と呼ぶこともある．

ユーザがメールを読み書きするプログラムを **MUA** (Mail User Agent) と呼ぶ．電子メールソフトと呼ばれるもので，OutLook や Eudora あるいは Thunderbirds などがある．電子メールの配信処理を行うプログラムを MTA (Mail Transfer Agent) と呼ぶ．MTA は DNS を用いて宛先ユーザの電子メールサーバの IP アドレス（DNS レコード種別の中には電子メール用に MX レコードが定義されている）を解決し，電子メールを適切なメールサーバに配信する．ISC 社が提供している sendmail などが MTA の代表的なソフトウェアである．SMTP はユーザの認証を行わないが，POP では第三者に電子メールが読まれないようにパスワードによるユーザの認証を行うことになっている．この運用ポリシーは，Snail Mail におけるルールをそのまま適用しているととらえることができる．なお，POP ではパスワードがそのままインターネット上を送信されてしまうので，インターネットを介してメールのアクセスを行う場合には，

使い捨てパスワード方式（**ワンタイムパスワード**ともいう）を用いる **APOP**（Authenticate POP）などが広く適用されている．

7.1.2　電子メールシステムのメカニズム

図 7-1 に，（ポイントポイント）電子メールの送信時の動作概要を示した．

(1) 送信者（esaki@wide.com）は，自社のメールサーバ（SMTP サーバ；IP アドレス＝"133.196.16.10"）に，hiroshi@tokyo.edu 宛のメールを SMTP にて転送する．

(2) 電子メールを受け取ったドメイン wide.com の SMTP サーバは，DNS サーバにドメイン tokyo.edu のメールサーバの IP アドレスを問い合わせ，POP/IMAP サーバのアドレスである "202.249.10.122" を解決（resolve）する．

(3) ドメイン wide.com の SMTP サーバは，受信したメールをドメイン tokyo.edu の POP/IMAP サーバに SMTP にて転送する．ドメイン tokyo.edu の POP/IMAP サーバは，ユーザ "hiroshi" のメールスプールに受信したメールを保存する．

(4) ユーザ hiroshi@tokyo.edu は，メールを POP あるいは IMAP でダウンロードする．

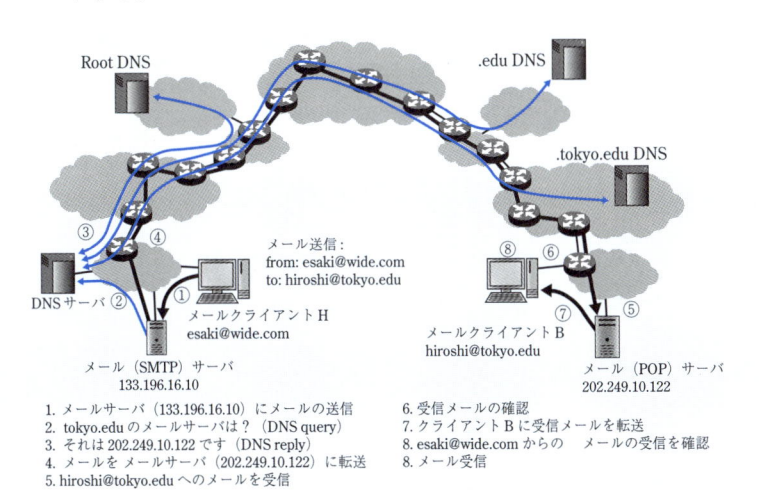

図 7-1　ポイントポイント電子メールの送信

もともと，電子メールシステムは1対1のメッセージ交換を基本としていたが，1度に複数のユーザに電子メールを送信することによって多対多のメッセージ交換も行うことができるように，メーリングリスト (mailing-list) が用意された．複数のユーザに対して同じメールを送信するための電子メールアドレスを別途定義し，この電子メールアドレスにメールを送信すると，メールサーバはリストアップされているユーザに対し同じメールを複製・配送する．メーリングリストの管理をより容易にするために，メーリングリストへの登録削除をユーザからの電子メールの送信により自動的に実行する機能や，メーリングリストへの参加者のリストを提供する機能などが提供されている．図7-2 は，メーリングリスト users@wide.com に対して，ドメイン "newyork.edu" のユーザが電子メールを送信する場合を示している．

(i) 電子メールは，ドメイン "newyork.edu" の SMTP サーバ (MX レコード) から，ドメイン "wide.com" の SMTP サーバ (133.196.16.10) に転送される．

(ii) ドメイン "wide.com" の SMTP サーバは，ユーザ名 "users" がメーリングリストであることをあらかじめ知っており，メーリングリストに参加しているメンバーそれぞれのメールアドレスに対応する POP/IMAP サーバの IP アドレス (MX レコード) すべてを DNS サーバに問い合わせる．

(iii) SMTP サーバは DNS サーバへの問い合わせ結果に基づいて，おのおのの POP/IMAP サーバに電子メールが SMTP にて再転送される．各 POP/IMAP サーバ (133.196.16.10) は該当するユーザアカウントのメールスプールにメールを保存する．

(iv) 各メーリングリストのメンバーは，POP/IMAP を用いて自分のメールスプールに保存されているメーリングリスト宛のメールをダウンロードすることができる．

7.1 電子メールシステム

送信者: ika@newyork.edu
メール送信:
from: ika@newyork.edu
to: users@wide.com

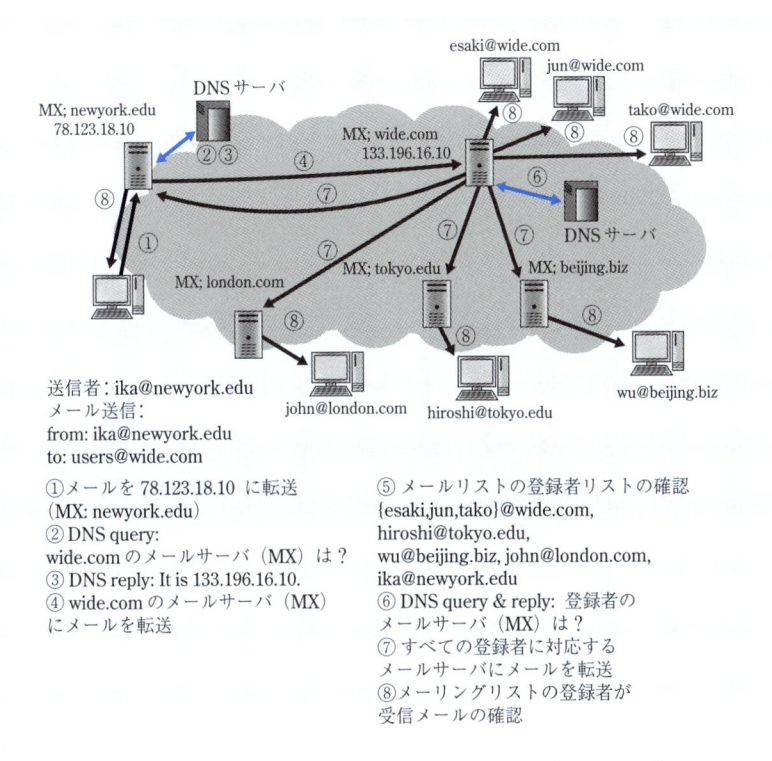

① メールを 78.123.18.10 に転送
（MX: newyork.edu）
② DNS query:
wide.com のメールサーバ（MX）は？
③ DNS reply: It is 133.196.16.10.
④ wide.com のメールサーバ（MX）
にメールを転送
⑤ メールリストの登録者リストの確認
{esaki,jun,tako}@wide.com,
hiroshi@tokyo.edu,
wu@beijing.biz, john@london.com,
ika@newyork.edu
⑥ DNS query & reply: 登録者の
メールサーバ（MX）は？
⑦ すべての登録者に対応する
メールサーバにメールを転送
⑧ メーリングリストの登録者が
受信メールの確認

図 7-2 メーリングリストへの電子メールの配信メカニズム

7.1.3 電子メールシステムの拡張

電子メールシステムは当初 ASCII 形式のみを扱っていたが，インターネットの国際化とマルチメディア化に伴って ASCII 形式以外のデータファイルの送受信もできるように機能拡張が行われた．**MIME**（Multipurpose Internet Mail Extensions）がそれで，以下の二つの機能を提供している．

（1）多言語対応
（2）バイナリファイルの添付転送

（1）**多言語**対応

多言語に対応するために，文字コードを示すことができるような拡張が行われた．図 7-3 に，「ISO-2022-JP」の文字コードを示した例を示した．なお，

日本語を使った電子メールでは，ISO-2022-JP（**JISコード**）を利用することがディフォルトのルールとなっている．これはJUNETコードあるいは7ビットJISコードと呼ばれている．なお，コンピュータ内部で使われている日本語文字コードは，UNIX系ではEUC（Extended UNIX Code）コード，マイクロソフトWindows系ではShift-JIS（JIS X 0208-1990の変形）コードが一般的である．

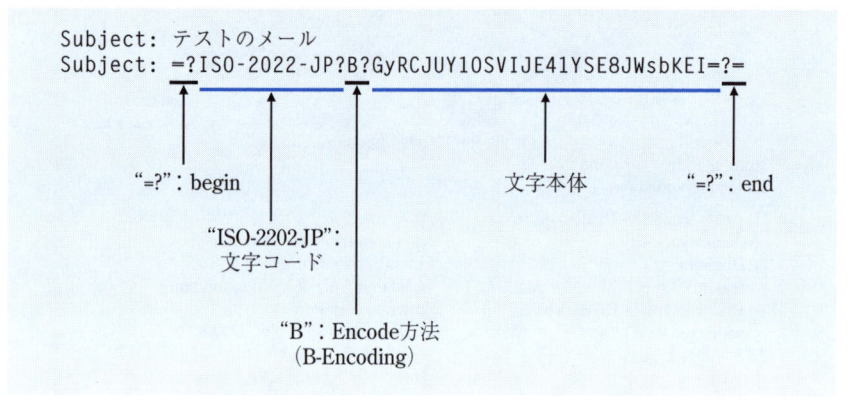

```
Subject: テストのメール
Subject: =?ISO-2022-JP?B?GyRCJUY1OSVIJE41YSE8JWsbKEI=?=
```

- "=?"：begin
- "ISO-2202-JP"：文字コード
- "B"：Encode方法（B-Encoding）
- 文字本体
- "=?"：end

図7-3 ISO-2022-JP文字コードの例

最近では，すべての国の言語体系に対応するために**ユニコード**（Unicode）がMUAにおいて適用されるようになってきた．ユニコード（Unicode）とはコンピュータ上で多言語の文字を一つの文字コードで取り扱うために1980年代に提唱された文字コードで，すべての文字を16ビット（2バイト）で表現し，一つの文字コード体系で多国語処理を可能にするコード体系であり，世界の主要な言語のほとんどを表現することができる．ASCII文字コードに対して上位互換となっており，文字の境界を明確に表現することができる．

（2）バイナリファイルの添付転送

バイナリファイルの転送を効率的に行うために，バイナリファイルの属性を示すことができる．さらに，バイナリファイルを転送するために，**BASE64**などの符号化方式を用いてバイナリファイルをテキストファイルとして転送することができる．図7-4は，BASE64符号化の方法を示している．バイナリファイルをそのまま送ってしまうと，バイナリファイル中に存在し

ている制御コードにより，メールが途中で切れたりしてしまうため，添付ファイルは全てテキストファイルに変換して転送される．

・BASE64：6 bits 分割 → 10 進表記 → 文字化

（2 進表記）	01010011 00011001 01111111：3 Bytes
↓	
（6 ビット分割）	010100 110001 110001 111111
↓	
（10 進表示）	20　　49　　49　　63　；0 ～ 63
↓	
（文字化）	U　　x　　x　　/　；4 Bytes

図 7-4　バイナリファイルのテキスト転送のための符号化例 (BASE64)

コラム　SPAM

　Web ページなどから入手された電子メールアドレスに向けて，無差別に大量の電子メールを配信する行為をさす．インターネットでは，電子メールの送信に必要な費用が非常に小さいために，受信者の都合を無視し無差別に大量の電子メールを配信することができる．SPAM の語源は，米国で市販されている肉の缶詰とされている．あるテレビ番組で，レストランで夫婦が注文をしようとすると「スパム，スパム，スパム」と連呼され，渋々「スパム」を注文する「スパム スケッチ」というコントにあるとされている．SPAM メールでは，数千通の電子メールに対して 1 つの反応があるだけでも採算が取れるとも言われている．最近では，送信者の認証を電子メールをメールサーバに送信するときに行ったり，あるいは，SPAM メールを出しているネットワークのブラックリストや信頼できるネットワークのホワイトリストを利用した対策がとられるようになっている．

7.2 その他のコミュニケーションツール

電子メールのほかに，インターネット上で，日常的に利用されているコミュニケーションツールを概観する．コミュニケーションツールは，テキストベースでリアルタイム性の乏しいものから，音声や動画を含むメディアでリアルタイム性の高いものへと，ネットワーク機器のデータ処理能力の向上と高度化に伴い，継続的な進化を続けている．

7.2.1 ネットニュース

不特定多数の人々に対するコミュニケーション手段であり，インターネット上の特定多数のメンバーの間にニュースが配信される．ニュースグループが開設され，メンバーに登録すると，記事の投稿とニュースの読み込みを行うことができる．後述するBBS（電子掲示板）が，1台のホストコンピュータの上に参加者が記事を投稿するのとは異なり，ネットニュースシステムでは，ネットニュースを配信・中継するサーバがインターネット上に多数存在し，それぞれが隣接サーバとバケツリレーのようにニュースデータの配信を行うことでサービスが実現されている．ニュースは，中継ノードのおいて，投稿記事が付加されながら順次リレーされていく．なお，ニュースファイルの伝達には，NNTP (Network News Transfer Protocol) が使われている．

7.2.2 BBS (Bulletin Board System)

インターネット上の電子掲示板である．インターネット上のあるノードが，メンバーが自由にメッセージを書き込むことのできる共有のメッセージボードを提供する．各メンバーは，共通のBBSサーバにアクセスし，BBSメッセージの書き込み削除を行うことができる．

7.2.3 IRC (Internet Relay Chat)

IRCは，Jarkko Oikarinen氏が1988年にフィンランドで開発した分散型マルチユーザチャットシステムである．IRCクライアントソフトを用いることで，インターネット上の複数のユーザと双方向テキストメッセージの交換をリアルタイムに行うことができる．IRCシステムでは，インターネット上のIRCサーバが相互に接続され，どのIRCサーバに接続しても他のIRCサーバにいる

ユーザとチャンネル識別子を指定することで会話をすることができる．"AOL Instant Messenger" などがその適用例である．複数のユーザが同じ情報をリアルタイムに共有することが可能なアプリケーションであり，インターネット上で広く利用されている．基本的には，クライアント-サーバ型のシステムであり，ビジネス展開がやりやすい半面，サーバ側のシステム障害が，ユーザ全体への障害として観測されてしまう．

7.2.4 インターネット電話

インターネットを介して行うリアルタイムの音声通信を行うシステム・サービスで，**VoIP** (Voice over IP；IP 電話) とも呼ばれる．通信プロトコルとしては，**H.323** および **SIP** (Session Initiation Protocol) を利用するのが一般的である．通常状態では一般の電話通信と同程度 (あるいはそれ以上) の通信品質を提供することができるが，ネットワークが輻輳状態になると音切れなどがおこりやすくなる場合がある．しかしながら，データ回線の高速化と通信品質保証技術の開発と適用により，既にバックボーン部における音声通話は急速にインターネット電話に置き換わりつつある．NGN 構想にみられるように，この傾向は今後もますます加速し，音声通信の大部分はインターネット電話に置き換わることが予想されている．

インターネット電話は，これまで議論してきたクライアント−サーバ型のコミュニケーションシステムとは異なる Peer-to-Peer 型のサービスシステムである．Peer- to-Peer 型のサービスでは，すべてのノードがサーバとなり，また，クライアントとなる．また，Peer-to-Peer 型のシステムでは，ピアとなるノードと出会う場 (ランデブーポイント) やピアを検索する機能 (＝ディレクトリサービス) が必要となる．VoIP システムの場合，ピアを検索する機能を提供するサーバとして "ゲートキーパ" と呼ばれるサーバが用意される．ゲートキーパは，通話相手の電話番号 (電話網での電話番号) から，適切な VoIP ゲートウェイを通知する機能を持つ．電話網とインターネットは，VoIP ゲートウェイを介して相互接続される．VoIP ゲートウェイは，インターネット上に複数存在し，通話相手に近い VoIP ゲートウェイが選択されることが望ましい．なお，VoIP 通信を行うコンピュータと VoIP ゲートウェイの間のパケット通信では，H.323 や SIP が用いられる．

また，電話網上同士の通話を，インターネットバックボーンを通して行うサービス（PSTN サービスのトンネリングサービス）も既に商用化されている．電話機－電話網－VoIP ゲートウェイ－インターネット－VoIP ゲートウェイ－電話網－電話機という経路でのデータ通信が，既に実現されている．特に，長距離電話会社の電話サービスのうち，かなりの通話がこのような VoIP システムを，既に，バックボーンとして利用している．

7.2.5 動画通信

インターネットを用いた動画のリアルタイム通信も可能となった．H.261 や H.263 を用いた ISDN による低速動画通信はもとより，MPEG1，MPEG2，DV (Digital Video)，さらに近年では高精細ビデオ（HDTV）技術を用いた高精細の動画通信も可能となった．また，一方では MPEG4 を用いた携帯情報端末 (PDA；Personal Digital Assistance) や次世代携帯電話でのリアルタイム動画通信も実現されつつある．さらに，既にスタジオ品質の動画データである D1 フォーマットや非圧縮の高精細動画情報などを，インターネットを介しての転送も既に放送局間やスタジオ間での適用の段階を終了し，一般利用者への配信サービスの展開が推進されるようになってきている．

図 7-5 は，MPEG4 を用いたインターネットによる動画のリアルタイム転送システムの概要を示している．ビデオ信号は，MPEG-4 のデータ圧縮フォーマットに帯域圧縮されたデータとしてコンピュータや PDA に取り込まれる．同図に示されているように，アプリケーションヘッダとして RTP が付加され，映像情報は UDP を用いて宛先のコンピュータに転送される．受信側のコンピュータでは，MPEG4 データが **RTP** により再生タイミングが調整され，ビデオ信号が再生される．

7.2.6 SNS (Social Networking Service)

人と人とのつながりを促進・サポートするコミュニティ型の Web サイトの総称である．友人・知人間のコミュニケーションを円滑にする手段や場を提供したり，趣味や嗜好，居住地域，出身校，あるいは「友人の友人」といったつながりを通じて新たな人間関係を構築する場を提供したりする，会員制のサービスである．本質的には，BBS と同様のシステム/サービスであるが，人のつながりを重視して「既存の参加者からの招待がないと参加できない」とい

7.2 その他のコミュニケーションツール

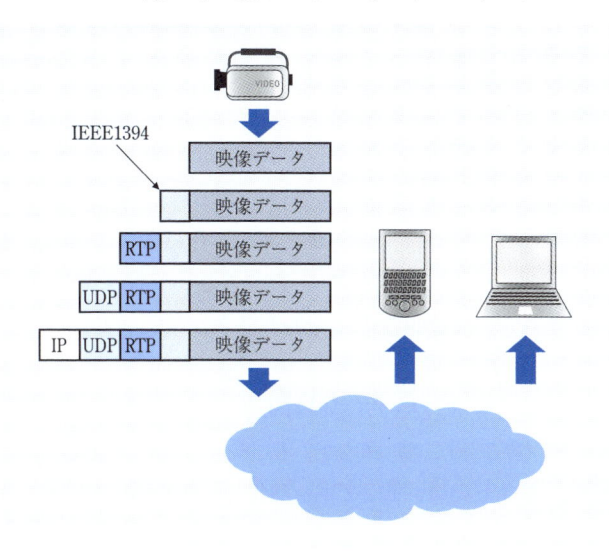

図 7-5 RTP を用いた動画情報のインターネット伝送

う点が，BBS との違いとして強調されている．

具体的な機能はサービス／サイトによって異なるが，参加者間でプロファイルや日記，**ブログ**を公開する機能，「友人」を登録・管理する機能，「友人」をほかの参加者に紹介する機能，「友人」の「友人」を辿っていく機能，「友人」同士でのコミュニケーションのためのショートメッセージ交換／IM／電子掲示板／カレンダーなどの機能，あるいはメールやショートメッセージを誰にどのくらいの頻度で送ったか，誰のページに訪問したかといった参加者の活動から，ソーシャルネットワーク情報（人間関係の密度など）を常時更新するサービスも提供されている．

SNS が提供するサービスは既存のものであって，特に新しいコミュニケーションツールというわけではない．すなわち，Web2.0 と同様に，既存のコミュニケーションツールを統合化し，より，ユーザの要望に応じたコミュニケーションサービスを提供するサービスプラットフォームの総称を SNS と呼んでいるととらえることができよう．

7.3 クロスメディア通信の可能性と必要性

　現在普及しているコミュニケーションツールは，送信者と受信者とが利用するコミュニケーションメディアが，同一なものである．電子メールにおいてはテキスト情報，IP電話では音声情報を送受信者の両者が利用しなければならない．しかし，情報通信機器の携帯化とユビキタス化の進展に伴い，送受信者が必ずしも同一のメディアを利用することができない状況も発生するようになってきており，これを，支援可能な情報処理能力が情報通信機器に具備されるようになってきた．

　人が利用可能なメディアは，人の五感に対応している．すなわち，眼（文字，映像），耳（音），口（音と味），鼻（匂い），指（触覚）である．このうち，現在のメディアで利用可能なものは，眼（文字，映像），耳（音），口（音）の三つの「感」である．ディジタル化された情報は，これら三つの「感」の間では，相互変換可能な場合が多く，送信者と受信者が，異なるメディア利用環境にある場合には，メディア変換を行うことによって，その環境に適応した通信を実現することができるようになる．

　典型的な例は，「車を運転中の人」と「会議室に参加している人」との間でのコミュニケーションである．「車を運転中の人」は，手（＝キーボード入力）と眼（ディスプレイに表示された文字を読む）を利用することは困難であるが，耳（＝音を聞く）と口（＝音を出す）は利用可能な状態にある．一方，「会議室に参加している人」は，耳（＝音を聞く）と口（＝音を出す）を利用することは困難であるが，「手（＝キーボード入力）と眼（ディスプレイに表示された文字を読む）は利用可能な状態にある．このような環境では，「車を運転中の人」が「口」を使って発する「音」を「文字」情報に変換し，「会議室に参加している人」のディスプレイに表示することで「音」を用いて伝送されるディジタル情報を「文字」として「眼」を用いて伝送することができる．一方，「会議室に参加している人」が「手」を用いて入力した「文字」情報は，「車を運転中の人」側では「音」として出力することで，「耳」を用いて「文字」情報を伝送することが可能となる．

　このような，メディア間での「ディジタル情報」の表現メディアの変換には，高度な情報処理を必要とするのが一般的であるが，近年の情報処理技術の進展

7.3 クロスメディア通信の可能性と必要性

に伴い，このようなメディア間でのディジタル情報の変換が通常の情報通信機器でも実現可能となりつつあり，人との間での情報の表現メディアの違いを情報処理技術が吸収する形態，すなわち，クロスメディア通信の形態が実現可能となりつつある．このような，クロスメディア通信においては，通信すべき情報が，「ディジタル情報」として，メディアに依存しない形で抽象化され表現されることが必要条件となる．

7章の問題

☐ **1** 帯域幅が B [bps] のネットワークを用いて，複数の受信者に電子メールの配送を行うサービスを考える．なお，与えられた帯域幅は 100% 利用してメールの配送を行うことができ，メールサーバは本メールの配信に専念できるものとする．また，TCP, IP, データリンクヘッダ, さらに，電子メールのヘッダ部など，配信したいファイル以外に付加されるヘッダ等は無視して計算してよいものとする．

(a) M [Bytes] の大きさのファイルを，N 人に配送するために必要な時間 T [sec] を式で示しなさい．

(b) 利用可能な帯域幅が 1Gbps のときに，配信したいファイルが，以下の二つの場合に，N＝10 人 および N＝百万人における，T [sec] の具体的な値を求めなさい．

　i. 25 文字 × 40 行の日本語テキストファイル
　ii. 16 ビットサンプリング，サンプリング周波数 40 KHz の音声ファイル (250sec)

☐ **2** 一週間に受信した全電子メールに関して，
(1) SPAM メールの割合を報告しなさい．
(2) 受信メールの大きさの分布を報告しなさい．

☐ **3** 一週間に受信した全電子メールに対して，返信するまでの時間の分布を示しなさい．なお，返答を行わなかった電子メールは，ある設定された時間以上の電子メールとしても，返事を行わなかったメールとして分布表示の対象外の電子メールとしても構わない．

☐ **4** 日本語で書かれた 1,000 文字の文章を，東京から米国ニューヨークの友人に伝えたい．コストを，遅延時間，この積について，以下の場合で比較して示しなさい．(1) 国際電話, (2) ファックス, (3) 普通郵便, (4) ビジネス宅配便, (5) 電子メール．

8 Web システム

　本章では，Web システムの仕組み，Web ページの作成や，Web サービスと呼ばれるサーバ間でのデータ交換に必要なマークアップ言語，そして Web ブラウザとの連携によるさまざまな Web アプリケーションを構築するためのソフトウェア，さらに Web システムの処理能力向上を実現するアーキテクチャフレームワークとその具体的な実現手法を習得する．

> **8 章で学ぶキーワード**
> - WWW
> - Web サービス
> - マークアップ言語
> - CDN
> - 大規模化対応

8.1 WWW から Web システムへ

クライアント／サーバモデルの典型例である **WWW** (World Wide Web；地球規模の蜘蛛の巣という意味) は，テキストだけでなく写真などのグラフィックスやアニメーション，さらにオーディオやビデオまで扱えるマルチメディア統合サービスを提供するいわゆるポータル機能を提供している．しかし，当初の Web システムは，現在の Web システムとは異なり，すべての情報通信機器が，Web サーバおよび Web クライアントとして動作する，いわゆるピア・ツー・ピア (Peer-to-Peer) 型のシステムとして，設計・構築・運用されていた．また，最近の組み込みシステム (= Embedded System) においては，Web サーバプロセスが，その設定管理を行うためのインタフェースとして組み込まれるようになってきており，クライアント/サーバ型の展開から，急速にピア・ツー・ピア型へと展開しつつある．

ホテルや旅行代理店などのサービス業や提携先とのデータ交換を可能とする Web サービスは，一般消費者や企業間商取引の高度化に止まらず，企業間の業務連携を加速するシステムツールとの認識が高い．これは，**Web サービス**と総称され，B-B (企業-企業間) サービスをバックエンドシステムとして，B-C (企業-一般顧客) のサービスを展開し，高度な情報処理サービスを，**ポータル Web サイトへのワンストップショッピング** (One-Stop Shopping；一つのサイトに立ち寄るだけで，従来複数のサイトに訪れないと実現しなかったサービスを実現する) で実現しようとしている．

多くのユーザからのアクセスを受ける Web サイトは，非常に多くの情報処理要求を処理しなければならない．そのために，このような Web サイトでは，ユーザからの処理要求を分散処理することができるようなアーキテクチャを適用した運用が行われなければならない．単体の Web サーバの処理能力の向上は当然行われるが，それ以外に，8.6 に示すような複数のサーバを利用した処理能力の向上が実現されている．

8.2 WWWの仕組み

8.2.1 WWWの歴史

WWW(World Wide Web)は，1989年にスイスにある欧州粒子物理学研究センター(**CERN**)の研究者であったTim Berners-Leeらが，世界中に散在する高エネルギー物理学に関する資料を関連づけて閲覧できるようにするために研究開発されたとされている．ネットワーク上の存在する情報に，関連情報の存在位置を組み込み，次々と興味ある情報をアクセスすることを可能にするシステムである．これはハイパーテキスト技術と呼ばれるもので，次の二つのコア技術から成り立っている．

(1) ハイパーテキスト マークアップ言語

文書構造(表題，段落など)や表示属性(レイアウト，文字の大きさなど)に加え，**ハイパーリンク**(関連リンク先のURLなど)を指定するための文書構造記述言語で**HTML**(HyperText Markup Language)と呼ばれる．

(2) ハイパーテキスト転送プロトコル

ハイパーリンクで指定された文書を転送するためのクライアント(リクエスト)／サーバ(レスポンス)型のアプリケーション層プロトコルで**HTTP**(HyperText Transfer Protocol)と呼ばれる．

HTMLで記述された文章をHTML文書，HTLMとHTTPを実装しHTML文書を表示するためのクライアントソフトウェアをWebブラウザ，ブラウザに表示されたHTML文書をWebページと呼ぶ．初期のブラウザは文字列(テキスト)のみを扱い，またハイパーリンクの後に表示されている数字をキーボードから入力しなければならないなど，使いやすいものではなかった．

1993年，**NCSA**(イリノイ大学 スーパーコンピュータ応用ソフト開発センター)に在籍していたMarc Andreessenが開発した**Mosaic**により，テキストだけでなく図形や写真などのグラフィックスも扱うことが可能になり，また強調表示されたハイパーリンクをマウスでクリックするだけで所望のWebページへジャンプできるなど，ブラウザの使い勝手が劇的に向上された．Mosaicはフリーソフトウェアとして提供され，広く世界中に普及，インターネット普

及の大きな原動力となった．

現在，WWWに関連する技術の標準化は，**WWW コンソーシアム（W3C）**によって推進されている．

8.2.2 WWW の仕組み

図8-1は，ユーザパソコンからのWebサーバへ（www.hogehoge.com）のindex.htmlファイルにHTTPを用いてアクセスした例を示している．

ユーザがユーザパソコン内のWebクライアントアプリケーションであるブラウザのアドレスバーに所望のURLを入力しエンターキーを押すと，ブラウザはDNSサーバを用いてWebサーバのIPアドレス解決を行い，URLに記述されたWebサーバとの間でHTTPコネクションが確立される．サーバノードからは，URLにて指定されたHTML文書の転送が開始される．ユーザの待ち時間を短くするため，多くのサーバでは一度にすべてのファイルを転送するのではなく，まずテキスト部分だけを転送する．ブラウザはHTMLの記述に従ってテキスト部分を表示し，次いでHTML記述の中にグラフィックスなどが含まれていないかを調べ，含まれていればサーバにこれらの転送を要求する（図では，JPEG1とJPEG2の転送）．ブラウザは受信したグラフィックスなどの表示を終えると，ユーザの次の操作を待つ．

このように，Webサーバは基本的にはブラウザからのリクエストに呼応してHTTPコネクション（正確にはHTTP over TCP/IP）を確立して所望のファイ

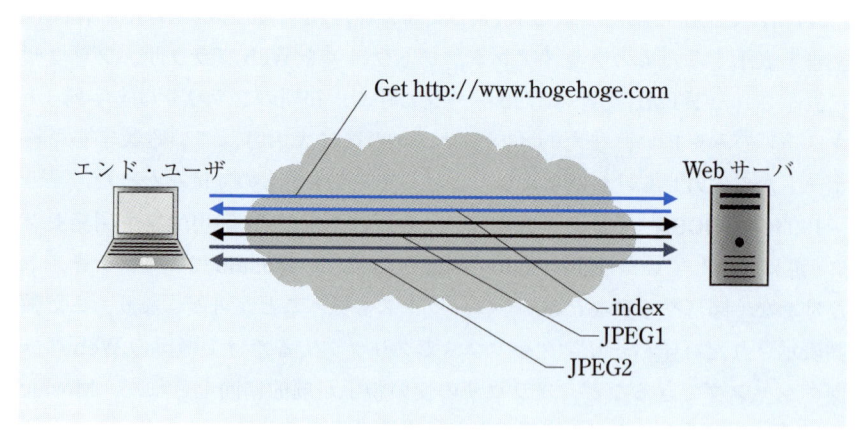

図 8-1 Web サーバの基本的な動作

8.2 WWW の仕組み

ルを返送するという単純なクライアント・サーバ型のトランザクション処理を行っている．要求されたファイル返送後はコネクションを開放して次のリクエスト待つ，あるいは，トランザクション処理を，後方に存在するアプリケーションサーバに転送するという単純な機能を行うだけである．

図 8-2 に，Web サービスの基本概念を示した．図 8-2 (a) には既存システムを，図 8-2 (b) には Web サービスを適用したシステム概要を示した．図では，旅行に必要な航空券，ホテル，レンタカーの最適な予約を行う場合を示している．既存システムでは，ユーザが自身で，予約対象となるすべての Web サーバを検索し，自身で指定してその内容を取得し，この情報を自身で比較して予約の作業を進めなければならない．一方，Web サービスにおいては，ユーザは，一つのポータル Web サーバへアクセスし，陽に航空会社やホテルあるいはレンタカー会社を指定する必要はなく，旅程の情報や予算などの情報を入力すると，ポータルサイトの Web サーバが，必要な Web サーバへのアクセスを行い，必要かつ最適な情報をユーザに提供する．このように，Web サービスの導入により，ユーザの検索に必要な時間の削減と最適な情報の提供を可能とすることができるようになる．

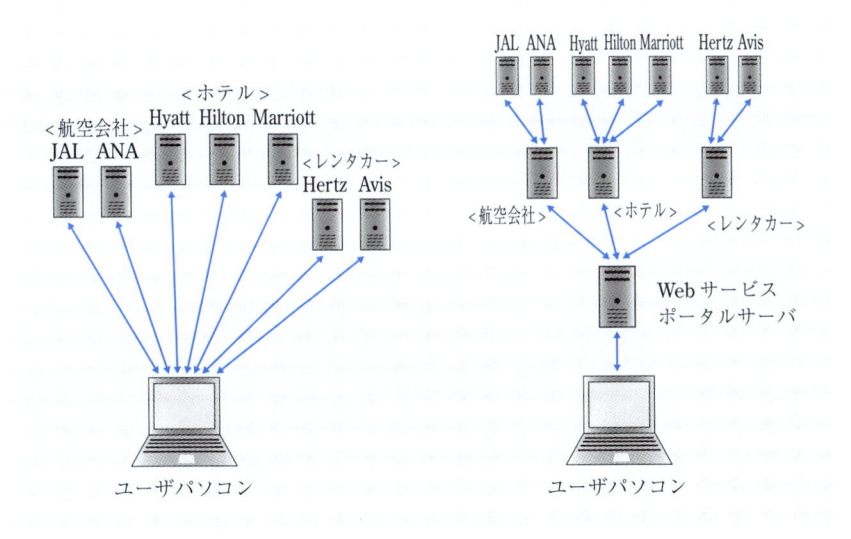

図 8-2 Web サービスの基本概念

8.3 URL

URL (Universal Resource Locator) は，インターネット上の資源 (オブジェクト) をアクセスするための方法 (＝通信プロトコル) とその位置 (＝グローバルに識別可能なオブジェクトの名前) を指定するものである．

図 8-3 に示すように，一般的に URL はスキームとスキーム規定部から構成される．スキームに指定するクライアントプロトコルは Web アクセスであれば"http"であるが，この他にもファイル転送用の"ftp"や仮想端末用の"telnet"などのプロトコルを指定することができる．"//"で始まるスキーム規定部には，計算機のドメイン名 (FQDN；Fully Qualified Domain Name)，ホスト名，さらに，"/"の後にはホスト上でのアクセスすべきファイルへのパス (Path) とファイル名を記述することができる．

URL には，さらに，TCP 層のアプリケーションポート番号を明示的に指定することができるようになっている．ポート番号情報が，省略された場合には使用プロトコルが"http"であれば"80"をブラウザが挿入する．"/"の後のファイル名が省略された場合には，Web サーバがホームページのファイル名 ("index.html"のことが多い) などが付加される．

```
       <スキーム>        <スキーム規定部>
  使用プロトコル://ユーザ名:パスワード@FQDN:ポート番号/ファイル名
```

図 8-3 URL の一般的な様式

8.4 Web ブラウザの構成

図 8-4 に示すように，Web ブラウザは HTML インタープリタ（ソースコードを 1 行ずつ機械語に翻訳しながら実行するソフトウェア）と HTTP クライアントプロトコルおよびコントローラを基本構成要素とし，これに JavaScript 言語などのインタープリタやアプレットの実行環境となる Java 仮想マシン，他に画像や動画を表示するビューア，サウンドプレーヤ，他のクライアントプロトコルなどがオプションとしてプラグイン（追加）できる構造となっている．

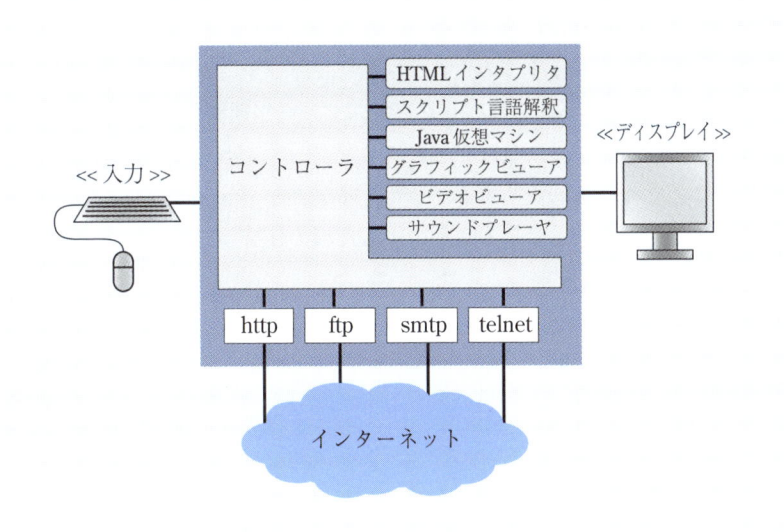

図 8-4　Web ブラウザの基本構造

ブラウザの中心をなすコントローラは，ユーザがキーボードから URL を入力したり，ディスプレイ上に強調表示されたハイパーリンクをマウスでクリックしたりしたときに，HTTP プロトコルを起動し指定された Web サイトとの間で TCP コネクションを確立してから所望の HTML 文書を読み込むとともに，HTML インタープリタを起動する．HTML インタープリタは，読み込んだ HTML 文書の中に記述されているタグと呼ばれる表示属性を解釈し，同属

性に沿ったレイアウトにて文書を表示する．また，グラフィックスが同文書に含まれている場合には，コントローラが再びWebサイトからファイルを読み込み，今度は画像形式のグラフィックビューアを起動してHTML文書に記述されている表示属性に沿ってグラフィックスを表示する．

　HTMLインタープリタとコントローラの連携動作の中で最も重要なのは，HTML文書に埋め込まれているハイパーリンク先のURLとディスプレイ上での表示位置との対応関係を記憶しておき，ユーザがマウスをクリックするだけで所望のサイトへジャンプしたり，希望する写真や音楽をダウンロードできるグラフィカルな対話インタフェースを提供したり，ユーザにはブラウザ内やWebサーバとの間で行われる煩雑な処理を隠蔽し意識させないことである．

　また，ブラウザのもう1つの重要な機能にキャッシュがある．これは，表示したWebページをパソコンのハードディスクに一定期間保存しておくもので，再度同じページがアクセスされたときにインターネットから再び同じページを読み込むことなく直ちに表示する．また，インターネットに接続していないオフラインの状態でも表示できるようにするための仕掛けでもある．

8.5 マークアップ言語

8.5.1 マークアップ言語の起源

文書の中に"<title>**マークアップ言語**の生い立ちと発展</title>"というように，< >記号で囲んだタグを埋め込む（これをマークアップという）ことによって，文書の論理構造（表題，章，節，段落など）や表示属性（レイアウト，文字の大きさ，色など）を指定するための言語をマークアップ言語と呼ぶ．そのルーツは，図8-5に示すように，異なるワープロソフトで作られた文書ファイルや電子出版物に互換性をもたせるために1986年に国際標準規格として制定された**SGML**（Standard Generalized Markup Language）に遡る．

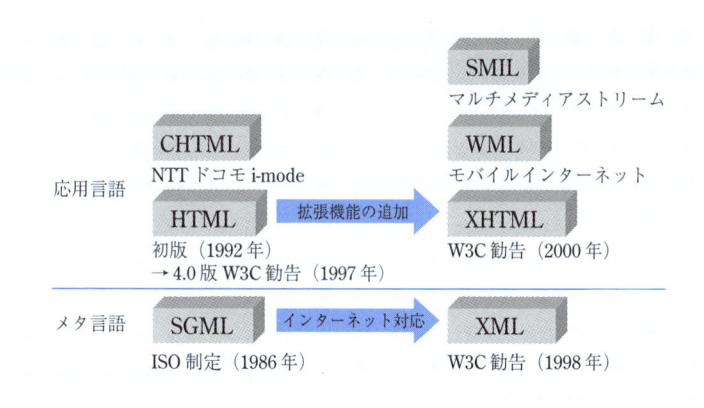

```
                          SMIL
                          マルチメディアストリーム
          CHTML           WML
          NTT ドコモ i-mode   モバイルインターネット
応用言語
          HTML   拡張機能の追加  XHTML
          初版（1992年）        W3C勧告（2000年）
          →4.0版 W3C勧告（1997年）

メタ言語   SGML   インターネット対応  XML
          ISO制定（1986年）       W3C勧告（1998年）
```

図8-5　マークアップ言語の系譜

SGMLは，報告書や論文，雑誌，見積書などあらゆる分野の文書に対応できるよう拡張性に富んでいる．分野ごとに必要なタグの集まりをDTD（Document Type Definition）として定義し，この定義に基づいて各分野に適したマークアップ言語体系を構成することができる．こうした言語体系を記述するための言語をメタ言語，メタ言語を母体に作られた言語体系を応用言語と呼ぶが，SGMLは拡張性とともにメタ言語機能を備えていることが大きな特徴である．

SGMLはインターネットが普及する前に開発されたものであるが，応用言語のHTMLはハイパーリンク機能を付加し，Webページの作成に特化したマークアップ言語で，DTDは1種類のみである．なお，1992年に公開されたHTMLは，W3Cから1997年12月にHTML4.0が勧告されているが，CHTMLはモバイルインターネット用途（NTTドコモのiモード用）にさらに機能を限定したものである．

WWWの爆発的な普及とともに，業務アプリケーションや電子商取引，マルチメディアストリームなど，多種多様な応用が考えられるようになったが，HTMLのままでは機能拡張やアプリケーションシステムとの連動などに限界があることが明らかになってきた．このためSGMLが備えていた拡張性に立ち戻り，インターネットへの適用を前提とする新たなメタ言語として**XML**（Extensible Markup Language）の開発がW3Cにて進められ1998年に勧告された．

XMLはInternet Explorer 5.0やNetscape Navigator 6.0以降のバージョンで利用できようになっており，業種や業務に適した文書構造を定義することによって，さまざまなWebベースの業務アプリケーションや電子商取引で使用されるようになった．マイクロソフト社のOffice2007では，全面的にXMLが採用されている．また，XMLの応用言語には，2000年に勧告化された**XHTML**（Extensible HyperText Markup Language）があるが，これはHTMLの母体であったSGMLをXMLに置き換えたもので，独自タグの追加による機能拡張性などの改善が図られている．この他にも，**WAP**（Wireless Application Protocol）フォーラム対応のモバイルインターネットサービス用の**WML**（Wireless Markup Language）や，ビデオやアニメーションを音声や文字と同期して再生できるテレビとWebとを融合したマルチメディアストリームサービス用の**SMIL**（Synchronized Multimedia Integration Language）など，いろいろな応用言語が実用化されつつある．

8.5.2 HTML 言語

SGML や HTML における**タグ**の標準的な表記規則を図 8-6 に示す．開始タグと終了タグおよびこれらによって挟まれた文字列から構成され，全体をエレメントと呼ぶ．エレメントの中には，別のエレメントを階層的 (多重) に埋め込むことができる．開始タグの中には，文字列を修飾するための属性名とその値を記述することができる．

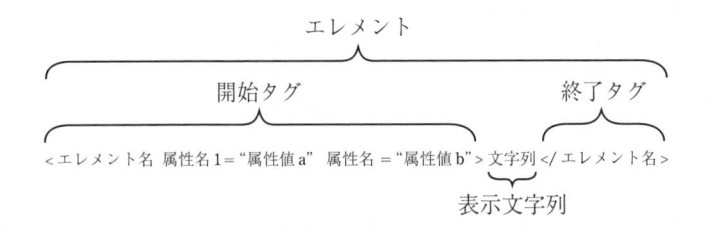

```
                    エレメント
        ┌─────────────────────────────┐
        ┌───────────────────┐   ┌─────┐
        開始タグ              終了タグ
<エレメント名 属性名1="属性値a" 属性名="属性値b">文字列</エレメント名>
                                    └────┘
                                  表示文字列
```

図 8-6　タグの表記規則

たとえば，\<h1 align="center"\> HTML 言語と Web ページの作成 \</h1\> は，文字列 "HTML 言語と Web ページの作成" を見出しとして扱い，h1 として規定されている大きなフォントサイズで画面水平方向の中央位置に表示することを意味する．グラフィックスの表示タグ \<img\> や改行タグ \<br\> のように，終了タグのないものもある．また，文字列に別のエレメントを入れ子として埋め込み，階層的な表記を行うことができる．HTML 文書は ".html" または ".htm" を拡張子とするテキスト形式 (文字コードのみで構成) のファイルで，グラフィックスなどは別のファイル形式で保存管理される．

8.5.3 XML 言語

WWW の普及とともに，Web ブラウザをベースとする電子商取引などの業務アプリケーションへの応用も盛んに行われるようになってきた．しかしながら，HTML 言語は Web ブラウザ上での表現手段の提供を目的としたマークアップ言語であるため，業務アプリケーションで不可欠な情報処理的な取り扱いには適していない．こうした視点に立って SGML 言語をベースに開発されたのが XML 言語であり，次のような特徴を持っている．

① 日本語などでの記述を含めタグを自由に定義でき，商取引に必要な単価や数量などのデータの意味をタグとして用いることができる．
② 開始タグと終了タグを必ず対で用いるなど，簡素で厳密な言語仕様にしたため，アプリケーションプログラムの開発が容易になる．
③ 文書の内容情報 (XML 文書) と表示属性 (スタイル) 情報を分離したため，XML 文書をブラウザ表示のみならず，さまざまな目的に再利用できる．
④ 企業間で共通したタグを定義 (DTD) することによって，企業間でのデータの交換が可能になる．

すなわち，XML 言語は人間にとって理解しやすい，またコンピュータにとっても取り扱いやすい文書を記述できるところにその本質がある．

8.6 大規模 Web サーバの構築

8.6.1 Web サーバの処理能力向上の必要性

　大量のアクセスを処理しなければならない Web サイトでは，さまざまな処理能力を向上させる手法が適用されている．Web サーバからの反応時間を，ある時間内に抑えることは，Web サーバ自身の防衛に貢献するとともに，顧客を逃がさないために必須の条件である．ブロードバンドインターネット環境が普及する前には，「10 秒ルール」なるものが存在した．10 秒以内に，何らかの反応が Web ブラウザで表示されない場合には，ユーザは，Reload ボタンを何度もクリックしてしまい，結果的に，Web サーバへのアクセス頻度を増加させる Positive Feedback がかかってしまう．Web サーバへのアクセスは，TCP コネクションの確立を意味しており，悪意のない DDoS (Distributed Denial Of Service) の状況となってしまい，Web サーバは，大量の HTTP リクエストを処理しなければならなくなってしまう．近年のブロードバンド環境においては，少なくとも 5 秒以内での反応が要求されているであろう．ブロードバンド環境の普及と整備は，結果的に，Web サーバサイトへのアクセス頻度と Web サーバが提供するコンテンツのマルチメディア化も推進しており，さらに Web サーバの負荷を増大させる要因となっている．近年，ネットワークにおいては，光技術の導入により，半導体におけるムーアの法則（＝18 ヶ月でその処理能力と容量が 2 倍になる）よりも，速い速度でその性能向上とコストダウンが実現されている．ある評価によれば，ほぼ，12 ヶ月で，2 倍の処理能力とコストダウンが，ネットワーク機器に関して実現されていると報告されている．

8.6.2 Web サーバにおける処理能力向上手法

　Web サーバの処理能力の向上手法には，サーバ単体の処理能力の向上 と，複数のサーバを利用した処理能力の向上には以下のような二つの手法が存在する．

(a) **水平分散**

　クライアントからのアクセスを，複数のサーバ装置に分散させ，並列処理させる手法である．クライアントノードからの要求の転送先を経路制御や

ディレクトリシステムに工夫を行うことで分散させる手法や，クライアントノードからの要求を，適切なサーバノードへ，振り分ける（**Dispatch** や **Redirect**）手法が適用される．

(b) **垂直分散**

遠隔に存在するサーバノードからの返答を，サーバノードとクライアントノード間の経路上に存在するノードで，一時的に保存（＝**キャッシュ**）し，同様のリクエストが要求された場合には，サーバノードへの経路上に存在するキャッシュ情報を保持したノードが，サーバノードに成り代わり返答を行う手法である．計算機システムにおいて，CPU/MPU とメインメモリとの間に存在するキャッシュメモリと，ほぼ同様の動作を行うと考えることができる．

8.6.2.1　サーバ単体の処理能力の向上手法

Web によるサービスに専念する Web サーバでは，汎用的なコンピュータが具備すべき処理機能のすべてを持つ必要は，必ずしもない．すなわち，Web サーバとして，必要な機能に特化し，無駄な機能を削ぎ落としたソフトウェア実装を行うことで，サーバの処理能力の向上が可能となる．たとえば，計算機内でのデータコピーを削減したり，メモリ保護の機能を強化したり，という処置が施される．あるいは，ソフトウェア処理に伴う処理オーバーヘッドを削減するために，専用のハードウェアエンジンを，導入することも可能である．いわゆる，Web サーバアプライアンス（組み込み系 Web サーバ）である．

このような，専用のハードウェアおよびソフトウェアを導入することによって，結果的に，Web サーバの処理能力の向上ばかりではなく，Web サーバノードの運用の信頼性も向上されることになることが知られている．一方，このような，組み込み系専用ノードにおいては，新しい機能/サービスへの対応が，汎用計算機を用いた Web サーバよりも遅れてしまうという問題を持つ．

8.6.2.2 複数のサーバを利用した処理能力の向上手法

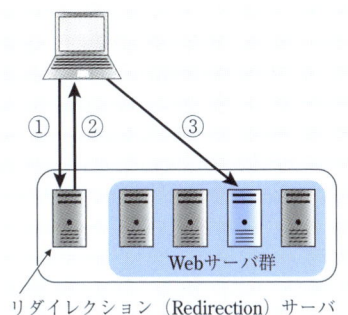

図 8-7 URL リダイレクション

① アクセス要求
② URL Redirect（リダイレクト）命令
③ Redirected（リダイレクト）アクセス要求

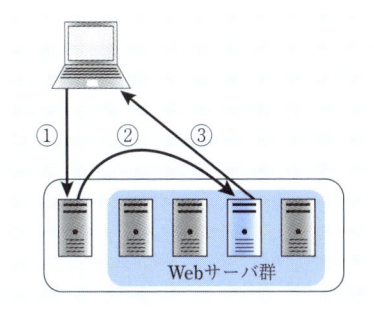

図 8-8 URL 書き換え（Aliasing）

① アクセス要求
② Aliasing（書き換え）命令
③ Aliased（書き換え）URL アクセス応答

(1) URL リダイレクション（Remote Redirection）

最初のアクセス要求は，全て同一の Web サーバ（エージェントノード）に転送される．エージェントノードは，受信した Web アクセス要求を解析し，適切な Web サーバに，そのアクセスを転送（Redirection）する．

(2) URL 書き換え（Aliasing）

URL リダイレクションに似た手法である．クライアントが要求した URL 情報を，Web サーバ側で書き換えることによって，クライアントノードがアクセスする Web サーバの URL を変更させる手法である．

(3) DNS による負荷分散

DNS は，（Web）サーバの FQDN に対応する IP アドレスの情報を提供するディレクトリサービスである．DNS で，解決される FQDN に対応する IP アドレスは，必ずしも一つである必要はなく，複数の IP アドレスをクライアントノードに通知することができる．クライアントノードは，DNS サーバから返信された複数の IP アドレスから，適宜，自分がアクセスする IP アドレスを選択する．このような動作により，クライアントからの Web サーバへのアクセス要求を，複数のサーバノードに分散させることが可能となる．

この手法は，ルート DNS サーバにおける負荷分散の手法とほぼ，同等ととらえることができる．

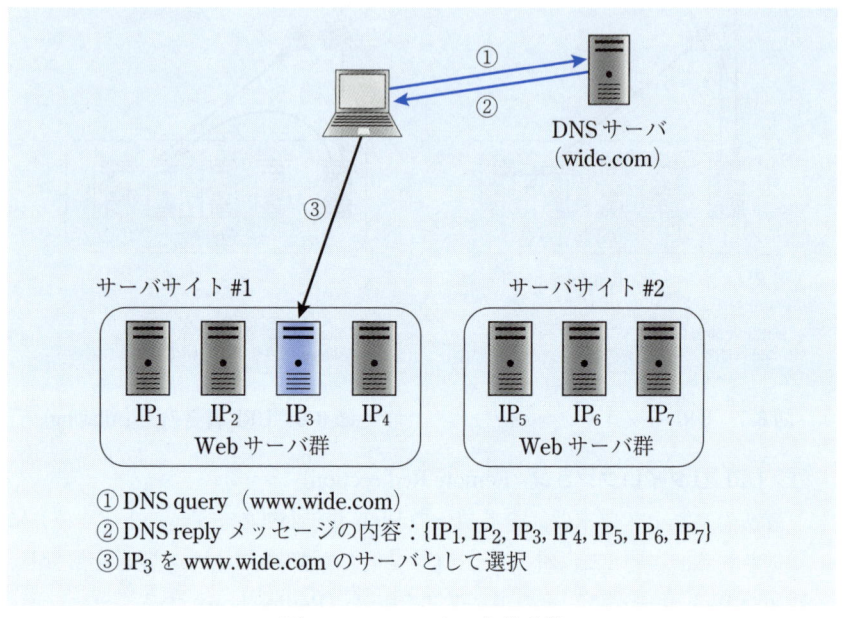

① DNS query（www.wide.com）
② DNS reply メッセージの内容：{$IP_1, IP_2, IP_3, IP_4, IP_5, IP_6, IP_7$}
③ IP_3 を www.wide.com のサーバとして選択

図 8-9　DNS による負荷分散

(4) レイヤ 7 スイッチ

　複数のサーバが存在するようなセグメントを構築し，そのセグメントへの入り口に，レイヤ 7 スイッチを配置する．レイヤ 7 スイッチは，HTTP リクエストメッセージの内部の情報を解析し，要求メッセージの送信ノードを決定する．この手法では，NAT (Network Address Translation) などの手法を用いて，複数の Web サーバが，外からは，あたかも同一の IP アドレスを持っているようにみせる必要がある．

8.6　大規模 Web サーバの構築

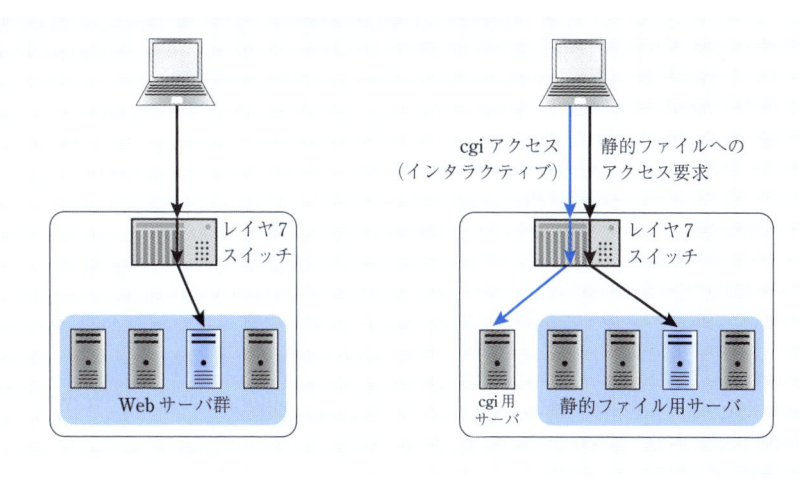

図 8-10　レイヤ 7 スイッチによる負荷分散

図 8-11　理機能によるアクセスの誘導

(5) 処理機能による誘導

　ドキュメントの内容が基本的には変化しないドキュメントの送信要求処理と比べて，インタラクティブ情報処理を必要とするもの (たとえば cgi) はその処理負荷が非常に大きい．そこで，CGI のような，処理負荷の大きなサービスは，専用のサーバを用意して，そちらに誘導する手法が，よく取られている．

8.7 CDN (Contents Delivery Network)

複数のWebサーバノードが，あるサイトに設置されその中で処理の分散化を行うことによって，Webサイトの処理能力は向上するが，クライアントノードとサーバサイトの間には，物理的な距離が存在しており，アクセスに必要な遅延時間は短くすることができない．また，クライアントからのアクセス要求とその応答は，Webサーバサイトに集中することになり，Webサーバサイトは，非常に大きな帯域幅を持つネットワーク接続を行わなければならなくなってしまう．

この，二つの課題を解決するために，CDN (Contents Delivery Network) 技術が，開発された．

CDNシステムにおいては，基本的に，以下の二つの手法を導入し，Webサーバの負荷分散と，サービス品質の向上（レスポンス時間の向上）を実現している．

(1) Webサーバの地理的分散 (＝水平分散手法)

Webサーバ群を一つのサイトに集中配備するのではなく，インターネット上に地理的に分散配備する手法である．DNSを用いた手法が一般的であるが，最近では，エニキャスト技術を用いた手法も導入されている．DNSシステムでは，一つのURLに対して，複数のIPアドレス情報を返答することができる．IPアドレスが，地理的に分散していれば，結果的に，Webサーバサイトに必要となる帯域幅を小さくすることができるとともに，Webサーバへのアクセス遅延を小さくすることが可能となる．Webサーバの地理的分散配備を行うことによって，結果的に，Webサーバネットワークが形成される．Webサーバサイトはインターネット上では点での存在になるが，Webサーバ群はネットワークを形成するとみることができる．このWebサーバネットワークへの入り口は，自由に選択することが，理論的には可能であり，クライアントノードから，Webサーバ（ネットワーク）へのアクセス経路を制御することが可能となる．これにより，より，アクセス品質の高い経路を，各クライアントノードに提供することが可能となる．Webサーバ群は，同一のサービスコンテンツ情報を保持する必要があり，これらの同期を取る必要がある．

8.7 CDN (Contents Delivery Network)

(2) キャッシュ技術の導入 (垂直分散手法)

遠隔に存在するサーバノードからの返答を，サーバノードとクライアントノード間の経路上に存在するノードで，一時的に保存 (＝キャッシュ) し，同様のリクエストが要求された場合には，サーバノードへの経路上に存在するキャッシュ情報を保持したノードが，サーバノードに成り代わり返答を行う手法である．計算機システムにおける，CPU/MPU とメインメモリとの間に存在するキャッシュメモリと，ほぼ同様のシステムと考えることができる．すなわち，オリジナルの Web サーバサイトへのアクセス経路を，ある程度制御し (エニキャスト技術や DNS による負荷分散手法を利用)，クライアントノードから Web サーバサイトへのアクセスが，特定のノードを経由するようにする．この特定のノードが，キャッシュ機能を持ち，転送したサースコンテンツ情報を一時的に保存し (＝キャッシュ) し，同一なアクセス要求を受信した際には，オリジナルの Web サーバノードに代わって，該当するサービスコンテンツ情報の返送を行うシステムである．キャッシュの大きさやキャッシュに保存される情報の管理の方法によって，システム全体のパフォーマンスが決定される．あらかじめ，多くのアクセスが期待されるような，サービスコンテンツ情報に関しては，クライアントからのアクセス要求がなくても，先にキャッシュサーバに保存する，リバースキャッシュの手法も取り入れられている．

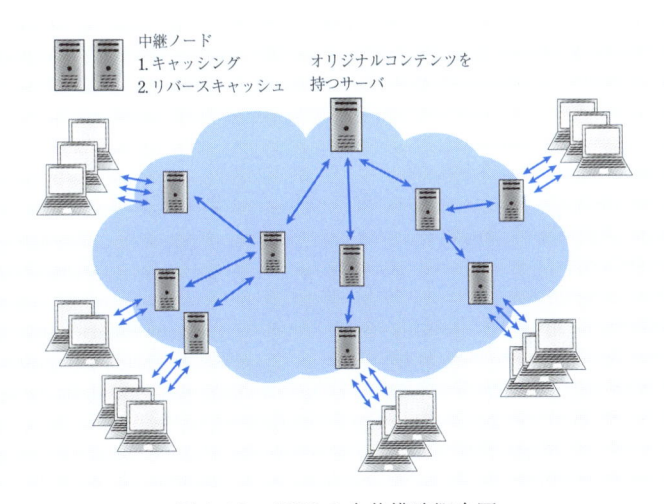

図 8-12 CDN の全体構造概念図

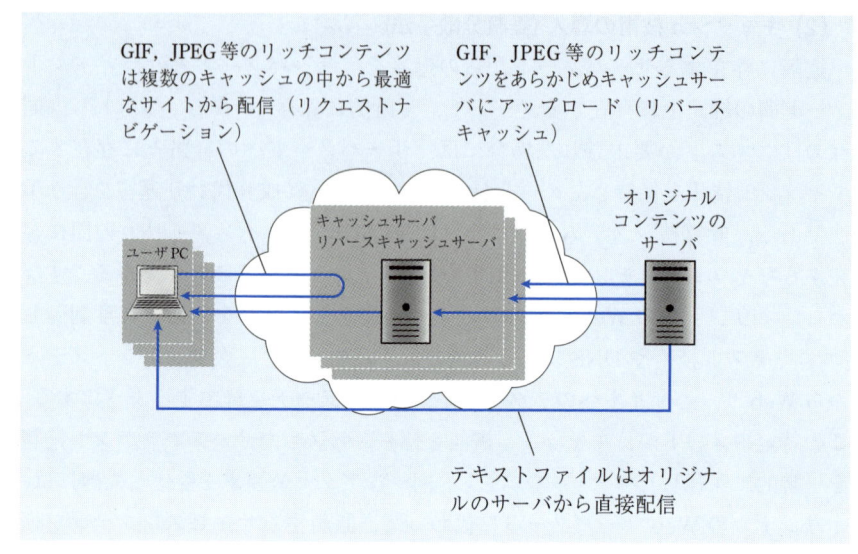

図 8-13 CDN におけるキャッシュ，リバースキャッシュ，リクエストナビゲーションの概念図

　これらの手法は，第 9 章で解説するピア・ツー・ピアシステムにおける第 3 世代のアーキテクチャにおいて，導入されている手法と本質的には同様のものである．

8章の問題

☐ **1** 三つのWebページを取り上げ，そのページ内に表示するために必要なファイルの数を報告しなさい．

☐ **2** 自分のパソコンの各プログラム/プロセスに対するメモリ割り当て状況を最低二つの動作状態で示し，Webシステムが消費しているであろうメモリ量を調べなさい．

☐ **3** Webサーバのサービス容量・処理量を向上させる手段を 最低三つ列挙しなさい．

☐ **4** Webページを5つ取り上げ，表示されるテキストの総バイト数と，HTMLファイルの総バイト数の比較を行いなさい．

☐ **5** Webページを20ページ取り上げ，リンクの数の平均値を示しなさい．

9 ピア・ツー・ピアシステム

　本章では，インターネットの進化と発展を支えたエンドツーエンドアーキテクチャを用いて展開されるピア・ツー・ピアシステムのアーキテクチャの概要を把握する．ピア・ツー・ピアシステムは，通常新しい可能性を実証し，その後，クライアント・サーバシステムによってサービスビジネス展開が進展するのが一般的である．また，本章では，ピア・ツー・ピアシステムの発展の方向性とコンピュータアーキテクチャとの間の類似点にも言及する．

> **9章で学ぶキーワード**
> - ピア・ツー・ピア
> - CDN
> - Napstar
> - Winny
> - WinMAX
> - Gnutella
> - DHT

9.1 ピア・ツー・ピアシステムとクライアント・サーバシステム

　情報通信ネットワークは，基本的には，クライアント・サーバ型とピア・ツー・ピア型のサービスアーキテクチャが混在し，さまざまなサービスをユーザに提供する．データが情報通信ネットワーク上で加工されずにネットワークに接続された情報機器（＝「ユーザ機器」）の間で伝送交換されるネットワークはトランスペアレントネットワーク（透明なネットワーク）と呼ばれ，情報通信ネットワークにおける三つの代表的なネットワークである電話網，放送網，インターネットのすべてが，基本的には，トランスペアレントネットワークであり，このプラットフォーム上で，クライアント・サーバ型とピア・ツー・ピア型のサービスが展開されている．

　一般ユーザが利用する情報機器に対して，ある"サービス"（たとえば，印刷，情報保存，情報提供など）を提供する情報機器を"サーバ"（Server）と呼び，このような"サーバ"に対してサービスを要求する情報機器を"クライアント"（Client）と呼ぶ．常にサービスを提供する情報機器と，常にサービスを要求する情報機器から構成されるシステムを，クライアント・サーバ（Client-Server）システムと呼び，このようなサービスをクライアント・サーバ型サービスと呼ぶ．一方，ネットワークに接続された情報機器が，サービスを要求する情報機器にも，サービスを提供する情報機器にもなるような，すべての情報機器がサービスの要求と提供に関して基本的に平等であるようなシステムを，ピア・ツー・ピア（Peer-to-Peer）システムと呼び，このようなサービスをピア・ツー・ピアサービスと呼ぶ．

　典型的なピア・ツー・ピア型サービスとしては，電話システムが挙げられる．電話システムにおいては，すべての電話機が，発信（サービスの要求）と受信（サービスの提供）を行うことができるとともに，情報の送信と受信を行うことができる．電話網では，ユーザが所有する電話器の間（厳密には電話線の端点の間）で，対等なデータ通信が行われる．一方，典型的なクライアント・サーバ型サービスとしては，放送システムが挙げられる．放送システムにおいては，トランスペアレントな電波ネットワーク（あるいはケーブルネットワーク）上に，放送コンテンツの提供サービスのみを行う放送局（＝サーバ）と，放送コンテンツの受信のみを行うテレビやラジオなどの受信端末装置（＝クライアン

ト）とが存在する．放送システムにおける受信端末装置は，（暗示的に）すべての情報（＝コンテンツ）の送信を要求し，受信側で，必要な情報（＝コンテンツ）のみを選択的に受信・利用する．

インターネットに代表されるコンピュータネットワークでは，時代とともに，クライアント・サーバ型システムとピア・ツー・ピア型システムとが，共存しつつも，しかしながら，その主役の座を争いながら，その物理的な規模と複雑度を増大させながら成長してきたシステムと考えることができる．トランスペアレントなネットワーク，すなわち，エンドツーエンド型のネットワークにおいては，クライアント・サーバ型システムとピア・ツー・ピア型システムの違いは，そのソフトウェア構造やプロトコル構造に違いが存在するのではなく，運用ポリシーとサーバの所有者にあることを理解しなければならない．

(1) クライアント・サーバ型システムにおいては，サーバノードは，ネットワークサービスの提供者（たとえば ISP や ASP，あるいは企業における IT 部門）が提供するもので，クライアントノードのサービス利用に伴い，サービス提供対価をクライアントノードの利用者に求めることで，ビジネス構造が構築される

(2) ピア・ツー・ピア型システムにおいては，サーバノードの提供者は，ネットワークサービスの提供者ではなく，ネットワークサービスの利用者自身である．すなわち，サーバノードの提供者は，ネットワークサービスの提供者に対してコネクティビティ（Connectivity ＝ 接続性）提供の対価を支払うが，ピア・ツー・ピア型の提供に関しては，クライアントノードの利用者に対価を要求しない構造をとる．

このように，サーバの所有者とサーバの利用/使用に関する対価の発生，運用責任と運用に対する対価の有無が，結果的に，クライアント・サーバ型システムとピア・ツー・ピア型システムとの違いとなるととらえることができる．以下で議論する第 3 世代のピア・ツー・ピアシステムと，クライアント・サーバ型システムで運用される CDN (Contents Delivery System) とが，システムアーキテクチャという観点からみればほぼ同一であるにも関わらず，異なるシステムアーキテクチャとして分類されることは，注意が必要であろう．

9.2 ピア・ツー・ピアシステムの進化

ピア・ツー・ピアシステムは，**WinMX** に代表されるクライアント・サーバ型とピア・ツー・ピア型のシステムを組み合わせたハイブリッド型のシステムからスタート（＝第1世代のピア・ツー・ピアシステム）し，**Gnutella** に代表される純粋なピア・ツー・ピア型システム（＝第2世代のピア・ツー・ピアシステム）を経て，**Freenet** や **Winny** に代表される第3世代のピア・ツー・ピアシステムへと進化を遂げてきた．第3世代のピア・ツー・ピアシステムは，**CDN** システムのアーキテクチャとほぼ同一のフレームワークとなっており，本質的な違いはアーキテクチャではなく，むしろ，サーバ機器の管理者/提供者にある．

9.2.1 第1世代のピア・ツー・ピアシステム

クライアント・サーバ型のディレクトリサービス（取得したいファイルのアクセスに必要な情報（IPアドレス，ポート番号やファイル識別子）を解決する）と，実際のファイル転送におけるピア・ツー・ピア（サーバを介さないノード間での直接データ転送）サービスからなるシステムである．クライアント・サーバシステムとピア・ツー・ピアシステムとが協調してサービスを提供するシステムであることから，ハイブリッド型のピア・ツー・ピアシステムと呼ばれる．

1999年1月に発表されたNAPSTARがその代表例である．NAPSTARでは，インターネットを通じて個人間で音楽データファイルの交換を行うシステムである．ユーザのパソコンに保存されているMP3形式の音声ファイルのリストをNapster社の運営するサーバに送信する．これを世界中のユーザが共有することにより，互いに他のユーザの所持する音楽ファイルを検索し，ダウンロードすることができる．中央サーバはファイル検索データベースの提供とユーザの接続管理のみを行っており，音楽データ自体のやり取りはユーザ間の直接接続（ピア・ツー・ピア通信）によって行われている．

米国の大学キャンパスを中心に大流行したが，NAPSTARを通じて流通していた音楽データの多くが市販のCDなどからの違法コピーであることから，全米レコード工業会（RIAA）による違法コピーファイルの発見と排除がNapster

社に求められ，2000年7月にサービスを停止した．

NAPSTARとの互換性を持ったWinMXは，中央サーバ型のファイル交換機能と，独自プロトコルを利用したサーバに頼らない純粋型のP2Pネットワーク機能の両方を併せ持ったシステムであり，NAPSTARと異なり，画像や動画など，音声ファイル以外のファイルの共有を可能とした．

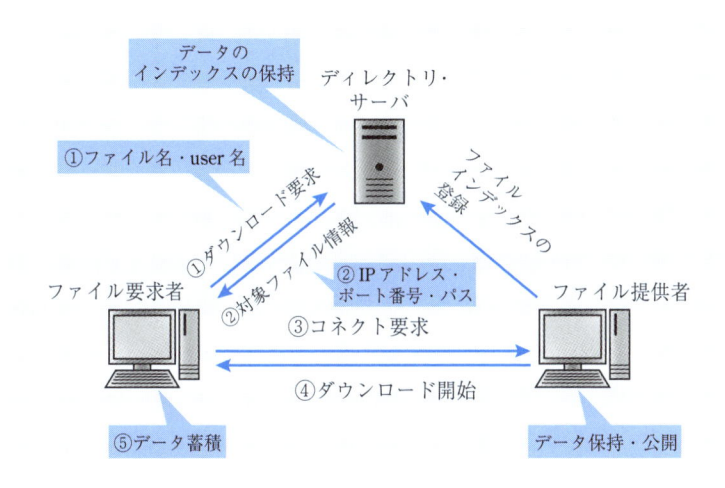

図 9-1　NAPSTARのシステム概要図

9.2.2　第2世代のピア・ツー・ピアシステム

第1世代のピア・ツー・ピアシステムは，クライアント・サーバ型のディレクトリサーバを必要とし，システムに参画しているノードの情報と各ノードが公開しているファイルの情報が全てディレクトリサーバに存在することになってしまう．また，ディレクトリサーバの障害とディレクトリサーバへの接続性の喪失は，サービス障害を意味してしまうため，サービス提供の信頼性という観点からサーバを必要としないシステムが開発された．すなわち，**Gnutella**に代表される第2世代のピア・ツー・ピアシステムにおいては，サーバの存在を必要としない完全分散型のシステムアーキテクチャとなっている．

Gnutellaの最初のバージョンは，AOL社に買収された旧NullSoft社のWinAMPの開発メンバーが開発したもので，2000年3月にAOL社のWebサイトで公開されたが，同社によって24時間以内に公開が停止された．現在

「Gnutella」として存在するソフトウェアは，この短期間にダウンロードされたソフトウェアを用いて構成されたものである．Gnutella 類似のソフトには，「KaZaA」や「Morpheus」などがある．

　Gnutella ユーザは，自分の持っているファイルのうち，他のユーザと共有してもよいファイルのリストを公開する．Gnutella ユーザは，ファイルの検索メッセージをブロードキャストする．検索メッセージ内に存在する条件に合致するファイルを持った Gnutella ユーザは，検索メッセージを送信した Gnutella ユーザに，アクセスに必要な情報（IP アドレス，ポート番号やファイル識別子など）を通知し，その後，ファイルの交換を実際に行う Gnutella ユーザコンピュータ間で直接ファイルのダウンロードが実行される．ユーザ同士が直接ファイルの送受信を行う点は「Napster」などの第 1 世代のピア・ツー・ピアシステムと共通しているが，Gnutella では NAPSTAR と違って中央サーバを必要とせず，すべてのデータが各ユーザ間で直接に交換される．このため，NAPSTAR と比べて，ファイル交換トラフィックの監視や規制を行うことが難しくなることが特徴として挙げられる．しかし，一方で，ファイルの検索メッセージが，ネットワーク全体にブロードキャストされなければならず，したがって，大規模化が容易ではない．

　また，ピアモデル（Peer Model）に基づいたオーバレイネットワークを構成しており，検索後に行われるピア・ツー・ピア（Peer-to-Peer）でのファイルの転送においては，必ず，オーバレイネットワークのトポロジー構成に従った経路で，データが転送される．このような構成は，第 3 世代のピア・ツー・ピアシステムにおけるデータキャッシュの積極的利用に通じるシステムアーキテクチャである．

9.2 ピア・ツー・ピアシステムの進化

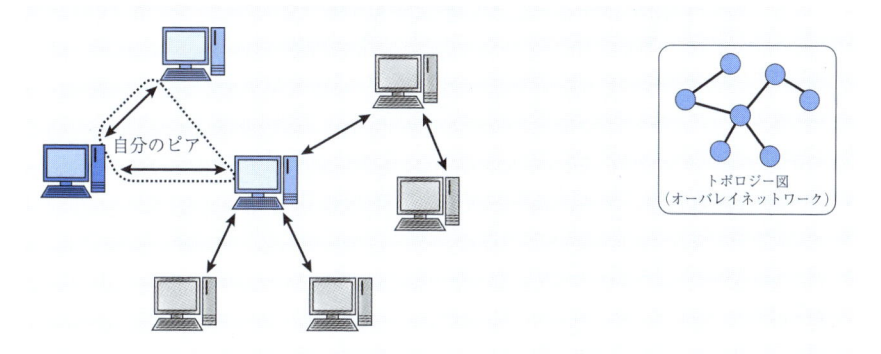

図 9-2 Gnutella におけるトポロジー構成

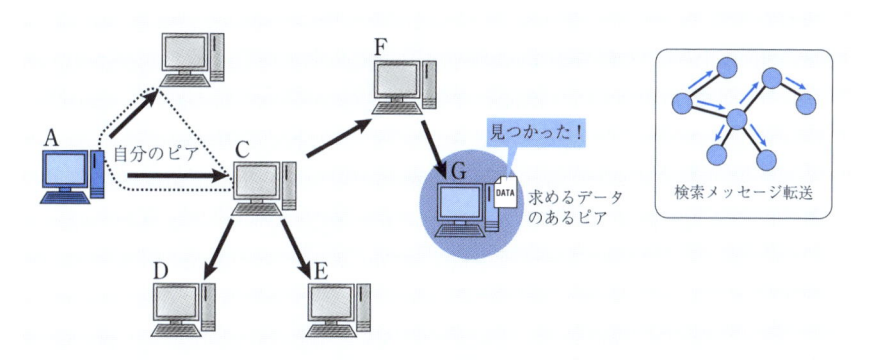

図 9-3 Gnutella におけるファイル検索 (Flooding)

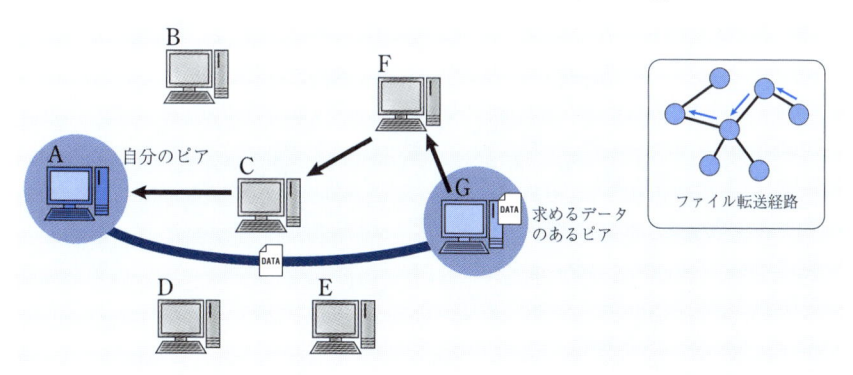

図 9-4 Gnutella におけるファイル転送 (Peer-to-Peer over Peer Model)

9.2.3 第3世代のピア・ツー・ピアシステム

　第3世代のピア・ツー・ピアシステムは，第1世代および第2世代のピア・ツー・ピアシステムの，技術的な問題点であった，規模性への対応と中央(ディレクトリ)サーバに非依存なシステムにすることを可能にした．さらに，前世代のシステムにおいて課題となっていた，人気コンテンツ/ファイルを保存しているノードへのアクセスの集中に伴うトラフィックの集中とノードでのデータ伝送負荷の増大という技術課題を，ネットワークレベルでのキャッシュ技術を導入することで解決している．

　また，WinnyおよびSKYPEにおいては，大規模化対応のために，さらに，いくつかの手法が導入されている．具体的には，TCP/IPシステムにおける経路制御技術と同様に，自律的なネットワークの塊を生成し，これを，階層的(Hierarchical)にかつ帰納的(Recursive)に定義することで，スケールフリーなネットワーク構造を実現している．階層的なネットワークにおいては，上位層になればなるほど，大きなデータ処理能力と大きな通信帯域が要求される．各ノードのデータ処理能力と通信可能な帯域幅の情報を利用し，自動的に各ノードの階層クラスが決定され，より高機能な上位階層のノードにより多くのコンテンツの保存と，より多くのアクセスを処理させるようにされている．

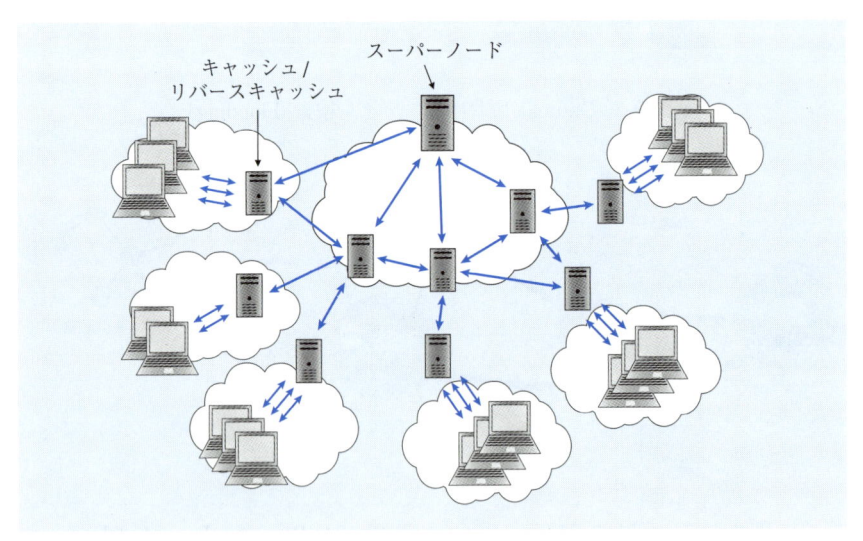

図9-5　Winny/SKYPEにおける階層的トポロジー構造の概念図

9.2 ピア・ツー・ピアシステムの進化

ネットワークレベルでのコンテンツの（トランスペアレント）キャッシュを機能させるために，第3世代のピア・ツー・ピアシステムでは，ファイルの検索要求メッセージの転送経路と，実際に検索されたファイルの転送経路とが同一となっている．すなわち，シグナリングネットワークとデータ転送ネットワークのトポロジーが同一となっている．すなわち，ピア・モデルでネットワークが構成されている．また，シグナリングメッセージ（検索要求メッセージ）とユーザデータとが，同一の通信資源を共有するインバンドシグナリング型のシステムとなっている．

(1) Freenet (フリーネット)

Freenet プロジェクトは，1999年に発表された Ian Clarke の論文 "A Distributed Decentralised Information Storage and Retrieval System" をもとにスタートした．このプロジェクトの目的はインターネット上での情報発信者の匿名を確保し自由な発言・活動を保証することにあった．このために，Freenet では，共有されるファイルの暗号化を行うとともに，DHT ファイルシステムを用いて，ファイルの提供者の特定を不可能にしている．

(2) Winny

通信の暗号化や，データを拡散する際に一定の確率で複数のコンピュータを経由させ，それぞれのコンピュータにコンテンツのキャッシュを残す．また，同じプロファイルのコンテンツファイルをアクセスする傾向にあるノード同士を仮想的にクラスタリングすることにより，効率のよいファイル共有を実現させている．DHT ファイルシステムを用いることで，コンテンツファイルの提供者を特定することを不可能にし，さらに，これにキャッシュ技術を組み合わせることで，コンテンツファイルのアクセスノードの特定もより困難にしている．

また，ファイルの暗号化には，第三者のなりすまし攻撃を受ける可能性が低い公開鍵暗号方式が採用されている．

9.3 DHT (Distributed Hash Table) 技術

　DHTは，ディレクトリサービスを必要としない純粋なピア・ツー・ピア型のネットワーク型分散ファイルシステムととらえることができる．各ノードが保持する情報は，ファイルの識別子とそのファイルを保持しているノードのIPアドレスのペアである．ファイルの識別子は，ファイルの名前やファイル自体から**ハッシュ**関数を用いて生成される数値（バイナリ）であり，ファイルの属性（テキストファイルやJPEGファイルあるいはaviファイル）やファイル名には依存しない，無意味なバイナリ数値の列からなる数値で，統一的に表現・抽象化される．

　DHTの説明をわかりやすくするために，「8ビットASCIIコードDHT」を考える．ファイルの識別子は8ビットで表現される「ASCIIコード」で記述できるとする．8ビットであるから，2の8乗個の識別子，すなわち，約6万5千の識別子のコードポイントが存在する．

　「8ビットASCIIコードDHT」では各データを以下のように管理する．DHTファイルシステムのノード数が「"8"ビット」で表現される数（＝256個）存在すると仮定する．8ビットのASCIIコードの上位4ビットで表現される識別子が，各DHTノードの識別子に対応しているとする．256個の各DHTノードには，それぞれ2の8乗（＝256個）の識別子で識別可能なファイルを格納可能とする．つまり，各DHTノードでは，そのノードが「管理すべきファイルの識別子の範囲」があらかじめ決められており，その識別子値に対応するファイルのみを所有・保存する．

　各ファイルに対応する識別子を生成するために，DHTでは，ハッシュ関数を用いる．一般にハッシュ関数をfとすると，その引数が異なれば，その計算結果は異なる．引数をxおよびyとすると，f(x)とf(y)の値は，任意のxおよびyに対して，異なった値となる．さらに，一般に集合Xに対してxをXの要素とすると集合F＝f(x)はほぼランダムな値からなる集合となる．つまり，xがどんな要素であっても，それがたくさん集まって全体集合Xをハッシュ関数にかけるとその結果はランダムな値からなる集合になる．したがって，もともとのファイル名や属性に偏りが存在しても，ハッシュ関数を用いてそのハッシュ値をみると，その偏りが消滅し，均一な数値空間に，その計算結果が分散されることになる．さらに，ハッシュ値の大きさは，ファイル名の長さや

9.3 DHT (Distributed Hash Table) 技術

ファイルの大きさに非依存で，常に一定の長さとなる．このようにして，ハッシュ関数を，ファイルの識別子の生成に利用することで，偏りのない識別子の存在空間を生成することが可能となり，その結果，DHT ノード間に公平にファイル保存の付加を分散させることが可能となる．ハッシュ関数としては SHA-1 が使われることが多い．SHA-1 では，0～数十億までハッシュ値 が存在し，すなわち，数十億個のファイル数までを DHT ファイルシステムで，対応可能とすることが可能となる．

　DHT ファイルシステムにおける，ファイル識別子の値から，ファイル自体の検索を行うためには，ファイルの識別子値と，その識別子値に対応するファイルが格納されているノードにアクセスするための IP アドレスが解決される必要がある．識別子の番号空間を線形（リニア）に検索していく方法は，最も単純でナイーブな検索手法であるが，検索速度が，識別子空間と DHT ノードの増加に伴い，著しく劣化してしまう．そこで，バイナリーサーチなど効率的な識別子空間の検索アルゴリズムの導入が必要となる．この検索アルゴリズムは，データベースにおける検索手法と，ほぼ同様の問題を解いているのに等しい．すなわち，識別子値の空間が，リニアに分布しているようなエントリーにおいて，効率的なエントリー検索を行うことに等しい．さらに，識別子空間を集約化し，識別子値の空間を階層化することで，検索の高速化とシステムの大規模化への対応を実現することも可能である．

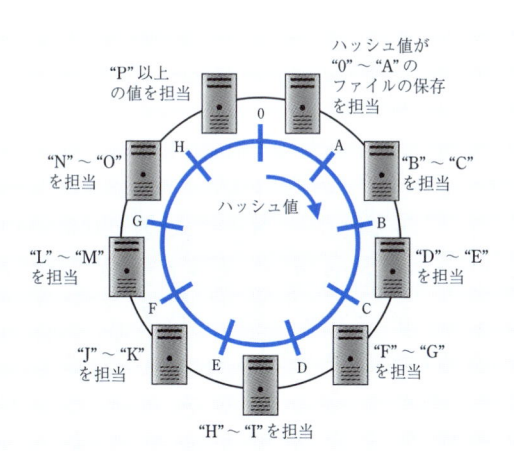

図 9-6　DHT における 分散ファイル保存

9.4　CDNシステムと第3世代ピア・ツー・ピアシステム

　インターネット初期のモデルである「計算機が1対1に対等な立場で相互接続」する環境と同じではあるが，その規模が著しく拡大したシステムである．Peer-to-Peer環境は，1対1の通信形態で，音声や動画を使ったリアルタイム通信やファイルの分散的共有などを，インターネットを用いて実現する環境である．

　ピア・ツー・ピア (Peer-to-Peer) 技術は，分散コンピューティングならびに計算機の内部アーキテクチャにおいて適用されてきた要素技術を ネットワークに対して，個別に適用しようと試みているようにみることができよう．原始的な計算機には，キャッシュ技術が存在しなかったように，既存のインターネットにはキャッシュ技術はほとんど存在しなかった．しかし，Proxyサーバの導入，CDN (Contents Delivery Networking) システムの導入，さらに，第3世代のファイル共有システムにおいては，コンテンツの配信レイテンシ特性の向上と配信サーバの負荷分散を実現するために，**キャッシュ**サーバをネットワーク内に分散配備したものととらえることができる．当然，キャッシュミスが発生すると，オリジナルのサーバにアクセスするし，さらにキャッシュのヒット率を向上させるために，先読み (CDNではこれを**リバースキャッシュ**と呼ぶ) 機能も実装されている．あるいは，ファイル検索完了後のファイル転送は，Peer-to-Peerに任せるというアーキテクチャは，DMA転送やホストコンピュータにおけるチャネル転送と等価とみることができよう．さらに，DHT (Distributed Hash Table) 技術に代表されるようなディレクトリサービスシステムは，仮想メモリシステムとほぼ等価な機能を提供している．

　このように，これまでのコンピュータネットワークを振り返ると，トランスペアレントなネットワークを用いて，さまざまなコンピュータネットワークが設計構築運用されてきた．その歴史は，クライアント・サーバシステムとピア・ツー・ピアシステムが，その勢力争いを行いながら，一方で，システム規模の増大と自律性を向上させてきたととらえることができる．

9.5 ピア・ツー・ピアシステムとオーバレイシステム

　ピア・ツー・ピアシステムは，基本的には，IP パケットの転送プラットフォームの上に，自由にピア・ツー・ピアネットワークを構成する（ピア・ツー・ピアネットワーク）ノードを定義し，必要なときに必要なノードに中継（ピア・ツー・ピアネットワーク）ノードを介さずに，直接に通信を行う，いわゆるオーバレイ型のネットワークである．

　このような，オーバレイネットワークを構成動作させるには，ディレクトリサービス機能が提供されなければならないことは，すべての世代のピア・ツー・ピアシステムに共通する．ディレクトリサービスは，アクセスコンテンツの情報から，アクセス先のピア・ツー・ピアノードへのアクセスを行うために必要な情報（たとえば，IP アドレス，ポート番号やファイル識別子など）を解決する機能を提供する．これは，TCP/IP システムにおける DNS (Domain Name Service) と，ほぼ等価ととらえることができる．すなわち，DNS システムは，宛先の FQDN (Fully Qualified Domain Name) にアクセスするために必要な IP アドレスの情報を提供するサービスを提供し，DNS が提供してくれる IP アドレスを用いて，クライアントノードは，目的のノードに，直接アクセスし所望のデータ通信を実行する．DNS システムを用いた TCP/IP 通信は，ディレクトリサービスとユーザデータ通信サービスでの IP パケットが転送される経路が同一ではなく，このような観点から考えるとインバンドシグナリング型のオーバレイネットワークととらえることができる．

　IP 電話サービスやマルチメディア通信サービスを実現するために広く利用されているシグナリングプロトコルが SIP (Session Initiation Protocol) である．SIP サーバシステムは，DNS サーバシステムとほぼ同様に，TCP/IP ネットワーク上に適宜分散配備され，これらが，連携しながら分散的ディレクトリサービスを提供する．具体的には，SIP サーバは，SIP サーバ同士で連携し，SIP クライアントノードが送信した宛先 SIP クライアントノード検索メッセージに対応する，電子メールアドレス様式や内線電話番号様式で表現される SIP クライアントノードにアクセスするために必要な情報（IP アドレス，ポート番号あるいは通信プロトコルなど）を返答する．なお，SIP サーバ間では，DNS プロトコルおよび SIP-NNI プロトコルが利用される．SIP システムは，DNS

とほぼ同等のシステム構成となっており，アウトバンドシグナリング型のオーバレイネットワークとなっている．

これら，SIPシステムおよびDNSシステムを用いたTCP/IPシステムは，NBMA（Non-Broadcast Multiple Access）とも呼ばれる．メッセージは，ネットワーク内にブロードキャストはされないが，ネットワーク上の任意のノードにピア・ツー・ピアにアクセスし直接データ通信を行うことができる．

動作としては，ほぼ同一であるが，アウトバンドシグナリングの実現方法が異なるシステムとして，従来の電話システムが挙げられる．従来の既存電話システムでは，SS No.7（あるいはB-ISUP）と呼ばれるシグナリングプロトコルが定義され，シグナリングメッセージは，実際の音声データが転送されるネットワークとは，物理的に異なるネットワーク上に転送される．DNSシステムを用いたTCP/IPネットワークやSIPシステムは，シグナリングメッセージとユーザデータメッセージとは異なる転送経路をとるが，同一の物理ネットワークを利用する．

最後に，ネットワーク内でのコンテンツのキャッシングを行うWinnyに代表される第3世代ピア・ツー・ピアシステムでは，シグナリングメッセージの転送経路とコンテンツデータの転送経路が同一となっている．すなわち，ピアモデル型のネットワークである．シグナリングメッセージとコンテンツデータの転送は，同一の資源を共有するので，インバンドシグナリング型のネットワークとなる．

9章の問題

☐ **1** ピア・ツー・ピアシステムと対をなすシステムアーキテクチャをなんというか．その技術的な比較を簡潔に行いながら説明しなさい．

☐ **2** 第1世代のピア・ツー・ピアシステムの利点と欠点を簡潔に説明しなさい．

☐ **3** 第3世代のピア・ツー・ピアシステムの技術的な特徴を，コンピュータの内部アーキテクチャと比較しながら行いなさい．

☐ **4** DHTを用いたファイルシステムが，任意の名前や種類のファイルを統一的に管理することができる理由を説明しなさい．

10 モバイルシステム

　モバイル (Mobile) には，物理的に移動しなからも通信を継続する形態と，移動しているときには通信を行う必要はないがある地点に到着した後に通信を行う形態 (Nomadic) の二つが存在する．前者はいわゆるモバイル通信であり，後者はリモートアクセスあるいは Nomadic 接続と呼ばれる通信形態である．本章では，これら二つの通信形態を実現するアーキテクチャとプロトコルに関する解説を行う．

10章で学ぶキーワード
- POP
- AAA
- ローミング
- VPN
- MIP
- SCTP

10.1 公衆リモートアクセス/Nomadic 接続

10.1.1 公衆ネットワークサービス (Public Network Service)

不特定多数の，しかし，契約したユーザのみへのサービスを定義された条件において提供する組織が，公衆ネットワークサービスプロバイダである．このような観点でとらえると，公衆ネットワークサービスを用いて構築されるモバイルサービスと，(私的) 閉域ネットワークサービスとは，その規模性と要求可能な条件に関して大きな違いが存在することは明白である．

公衆ネットワークにおいて，一般ユーザが公衆ネットワークに接続する物理的な場所は，**POP** (Point Of Presence) と呼ばれる．POP においては，ユーザの認証 (Authentication) と，提供可能なサービスの確認 (Authorization)，さらに課金 (Accounting) の処置が行われなければならない．これは，三つの A (= Authentication, Authorization and Accounting) なので，**トリプル A** と呼ばれる．各 (階層) レベルのサービスプロバイダにおいて，それぞれ，個別の AAA 機能が実行される．

AAA モデルとは，サービスの提供から記録までの流れを，**認証** (Authentication)，**認可** (Authorization)，**アカウンティング** (Accounting) の三つの機能に分けて考えるモデルである．認証 (Authentication) とは，ネットワーク利用者が誰であるかを識別することである．一番単純な認証は，ユーザ名とパスワードの組み合わせが正しいことを確認する方法である．認可 (Authorization) とは，認証済みの利用者に対してどのようなサービスを提供するか否かを判断することである．たとえば，利用の時刻，発信者電話番号などによる利用場所，前払い利用料金の残額などによるサービスの提供判断などである．最後に，アカウンティング (Accounting) とは，利用の事実を記録することである．なお，日本語の文書においては，アカウンティングのことを「課金」と記述することもあるが，請求・決済業務を指す**課金** (**Billing**) と誤解する可能性が高いので注意が必要である．

情報通信ネットワークに接続されるコンピュータが，メインフレームなどの物理的には移動しないような計算機から大きく姿を変え，バッテリーを内臓し自由に物理空間上を移動可能となり，さらに，必ずしも常時ネットワークに接続されないような状況が一般化している．さらに，ユーザノードは，地球上を

自由に移動し，突然グローバルな空間上の任意の点に出現・接続されることも頻繁に発生するようになった．したがって，このようなグローバルスケールでのモバイル環境においては，グローバルスケールでのAAA機能への対法が要求されることは自明なことである．

以下では，これらの環境に対応するために，適用されているプロトコルアーキテクチャの具体例を解説する．

10.1.2 Radius

RADIUS（Remote Authentication Dial In User Service）は，多数の分散した情報通信サービスプロバイダのアクセスポイント（これをPOP, Point of Presenceと呼ぶ）にアクセスするユーザに対して，ネットワーク資源の利用の可否の判断（認証）と利用の事実の記録（アカウンティング）を，自ネットワーク上の特定のサーバコンピュータに一元化管理させることを目的とした，IP上のプロトコルである．名称に「**ダイヤルイン**」という言葉があるように，元来はダイヤルアップ・インターネット接続サービスを実現することを目的として開発された．すなわち，ダイヤルアップ**PPP**（Point-to-Point Protocol）接続ユーザに対する認証やアカウンティング記録を維持する仕組みである．Radiusを適用したシステムにおいて，ユーザは，データネットワーク エッジにあるいず

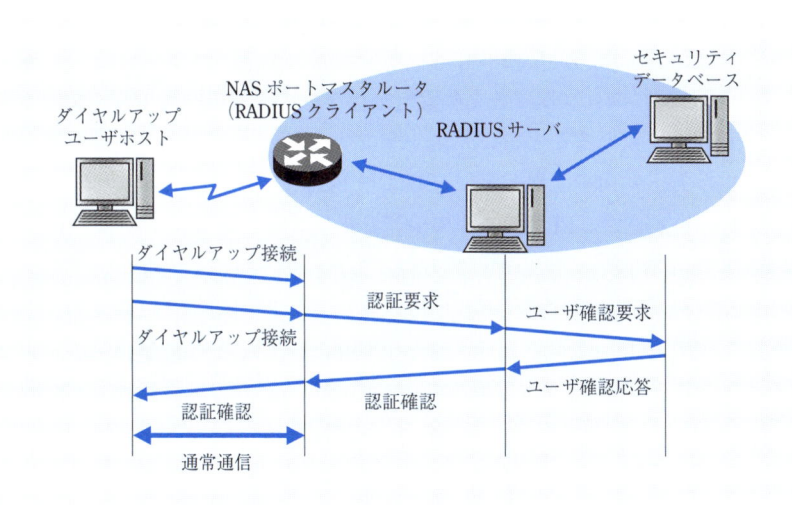

図10-1 RADIUSシステムの構成と動作概要

れかの **NAS** (Network Access Server) のポートに対応付けられた電話番号をダイヤルする．ユーザ ID とパスワードが設定されている場合は，サーバは NAS データベースをローカルに検索するか，あるいは設定済みの RADIUS サーバに問い合わせを送り，ネットワークへのアクセスを許可するか拒否するかを判断する．許可されたユーザであれば，通常 RADIUS サーバは設定値を NAS に送信する．これにより，このユーザに許可されているサービスタイプが確認され，それに応じた NAS での設定が行われる．

10.1.3　PPP と PPOE (L2 over L3)

Point-to-Point Protocol (**PPP**) は，2 点間を (レイヤ 2 で直接) 接続してデータ通信を行うための通信プロトコルである．PPP は，**SLIP** (Serial Line Internet Protocol) の後継として，1992 年にその技術仕様が標準化された．PPP は SLIP と異なり，TCP/IP 以外のプロトコル (たとえば NetBEUI，AppleTalk 等) とも接続可能に設計されているのが特長である．ダイヤルアップ PPP は，PPP にダイヤル発信や着信の機能を追加したもので，電話回線を通じて遠隔地にあるネットワークにコンピュータを接続するためのプロトコルとして一般に広く利用されている．PPP の通信は **LCP** (Link Control Protocol) と **NCP** (Network Control Protocol) という二つのプロトコルを使用している．LCP で **PAP** (Password Authentication Protocol) や **CHAP** (Challenge Handshake Authentication Protocol) を使ってユーザ認証を行ない，リンク確立後，NCP が，それぞれのプロトコルに必要な設定を行ない，接続を確立する．また，複数の PPP 回線を束ねることによりスループットの向上を図ることが可能であり，マルチリンク PPP と呼ばれ，ISDN や PHS 等で利用されている．また，イーサネットを通じて PPP と同等の機能を提供するプロトコルとして PPPoE および PPPoA (PPP over ATM) があり，ADSL サービスや広域イーサネットサービスにおいて広く利用されている．

さらに，PP Extensible Authentication Protocol (PPP 拡張認証プロトコル；**EAP**) は，PPP 用の認証プロトコルの一つであり，各種の拡張認証方式を利用するための手続き統合化したものである．実際に利用する認証方式についてはきわめて多岐に渡り，各ベンダーによる独自拡張も許されている．

10.1 公衆リモートアクセス/Nomadic 接続　　　　　　**181**

10.1.4　IMS (IP Multimedia Subsystem)

固定電話網と移動体通信網とを統合し，これまで電話ディジタル交換機とも，IP ルータを基盤としたインターネットとも異なったアーキテクチャを用いて構築される IP 技術を用いた携帯電話系ネットワークのアーキテクチャである．公衆通信サービス網 (無線と有線) を IP 技術と **SIP** (Session Initiation Protocol) 技術で統合し，マルチメディアサービスを実現させる．**FMC** (Fixed and Mobile Convergence) という無線と有線の統合サービスが最終ゴールとされており，各国の大手通信事業者が次世代の公衆通信網として導入を計画している．

IMS を用いた通信サービスは，IP 技術を用いた電話サービスの基盤プロトコルである SIP (Session Initiation Protocol) をもとにしたものとなっており，また，その他の IP ベースのマルチメディアサービスについても，運用/課金などのデータベース機能，セキュリティゲートウェイなどを搭載するとされている．Push-to-Talk やテレビ電話などの他，スケジューラやクレジットカード決済などの個人データ管理やセキュリティ機能の統合も，サービスプロバイダのサービス機能として提供されることが計画されている．

IMS のコア技術仕様は，第 3 世代携帯電話の規格標準化を行っている団体である「**3GPP**」と「**3GPP2**」によって，それぞれ「3GPP TS 23.228」「3GPP2 XP0013.2」として標準化されている．

IMS をもとにしたシステムアーキテクチャは，IP 技術をデータ転送プレーンにおけるデータ伝送・交換フォーマットとしているが，そのアーキテクチャは TCP/IP 網すなわち "The Internet" とは，異なっていることに注意が必要である．IMS は，TCP/IP アーキテクチャととらえるよりは，ITU-T (当時は CCITT) において標準化された **BISDN** (ATM + **AIN**) アーキテクチャにおいて，53 バイト (ヘッダ 5 バイト + ペイロード 48 バイト) の固定長セルが，可変長の IP パケットに入れ替わったネットワークアーキテクチャととらえるべきであろう．IMS ネットワークのエッジノード (PE; Provider Edge) における Admission Control や Shaping/Policing Control の適用が規定されている．

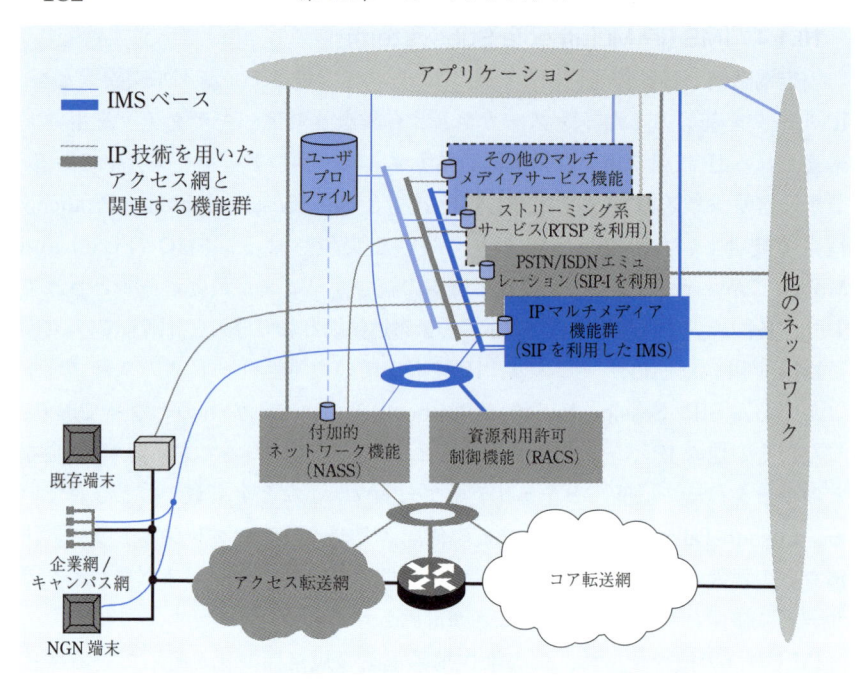

図 10-2 TISPAN NGN アーキテクチャ

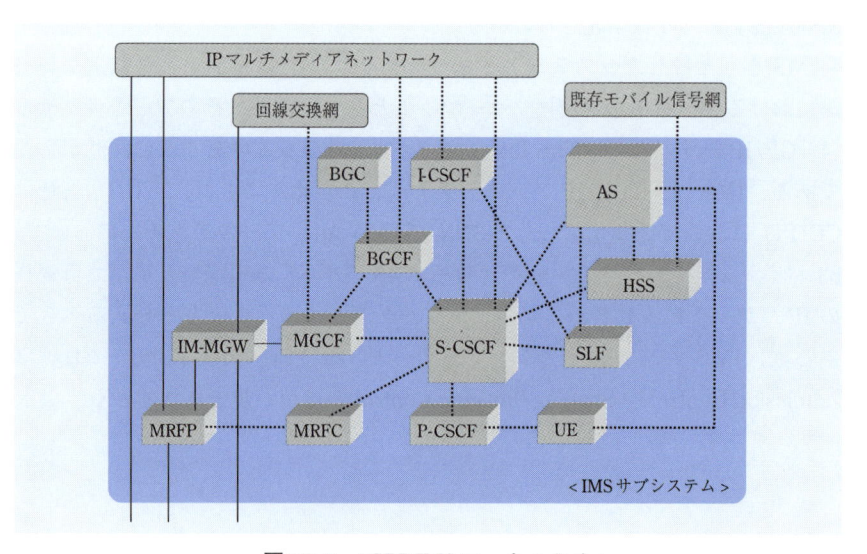

図 10-3 3GPP IMS アーキテクチャ

10.1.5 公衆プロバイダ間におけるローミングサービス

事実上，現在，複数の情報通信サービスプロバイダにまたがって，エンドユーザが情報通信端末を接続し，接続サービスを享受可能なネットワークサービスは，携帯電話サービスと無線 LAN（WiFi）サービスの二つであろう．携帯電話網では，携帯電話会社が，Back-to-Back（一対一）にローミングに必要なデータベースの交換と課金処理を行い，エンドユーザのローミングサービスを提供している．携帯電話に埋め込まれた SIM チップに埋め込まれたユーザ情報をもとに，ユーザが所属するホーム携帯電話プロバイダに，ユーザのプロファイル等を照会し，サービスの提供を行う．基本的には，IMS においても，同様のシステムアーキテクチャとなっている．

一方，**無線 LAN**（**WiFi**）のローミングサービスは，**アグリゲータ**（Aggregator）と呼ばれる複数の無線 LAN の実プロバイダと契約を持つ仮想的な無線 LAN プロバイダが存在し，この仮想的無線 LAN プロバイダが，発行するログイン名とパスワード情報を，実無線 LAN プロバイダとの間で交換・共有し，課金処理を行うことで，複数の無線 LAN プロバイダにまたがったローミングサービスを提供している．

両者とも，アクセスネットワークへのアクセスに必要な AAA（Authentication, Authorization, Accounting）処理を行うシグナリングネットワーク間での情報の共有と課金処理によって，ローミング処理を実現しているととらえることができる．

このような，手法は，プロバイダ数の増加に対して，オーダー（n）で各プロバイダのローミング処理が必要になり，ネットワーク全体では，オーダー（n^2）でローミング処理が必要となる．そこで，アクセスネットワークへの接続処理と，接続されたユーザへのアクセスサービスの処理を分離したアーキテクチャも検討されている．以下で解説する，モバイル IP（MIP；Mobile IP）が，その典型例である．モバイルノードに対する負荷は，若干増加するが，ネットワーク側に対するシグナリング負荷は，著しく軽減される．

10.1.6 モバイル IP（MIP；Mobile IP）

インターネットにおける IP パケットの配送は IP アドレスを用いて実現されるが，IP アドレスは IP パケットの配送に必要な情報（Network-ID）とネット

ワーク内でのホストを識別するための情報 (Host-ID) とが縮退している．したがって，ホストが接続先のネットワークを変更すれば，IP アドレスを変更せざるを得なくなる．モバイル IP 技術は，移動ホスト (MN；Mobile Node) の IP アドレスを変更せずに移動でき，また移動したことを他のホストに知らせることなく，他のホストとの通信を可能にする技術である．

モバイル IP では，図 10-4 に示すように，MN が移動していないときの接続先となるホームネットワークという概念をもち，MN はホームアドレスと呼ばれる IP アドレスを持つ．また同ネットワークには，MN が移動したときに通信の仲介をする**ホームエージェント** (HA；Home Agent) と呼ばれるルータが配備されている．

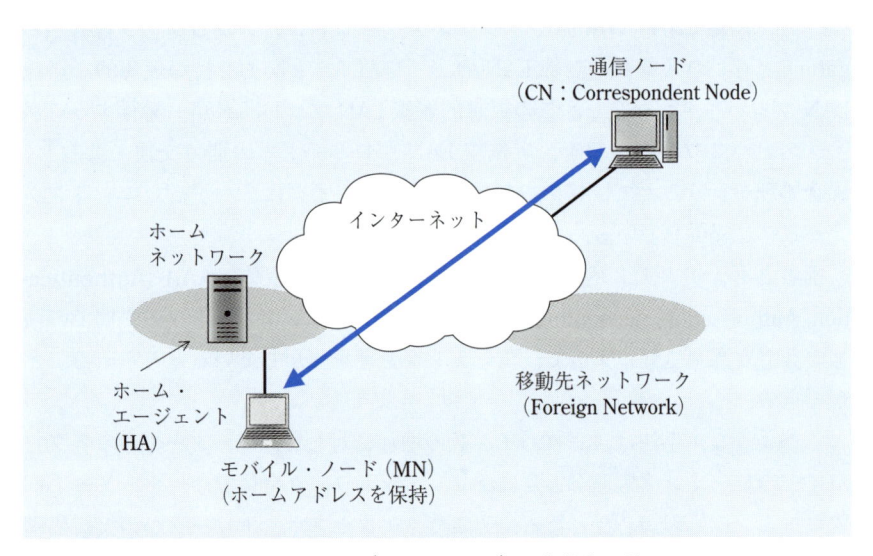

図 10-4 MN (Mobile Node) が移動する前

MN は，移動先のネットワーク (Foreign Network) 中の DHCP サーバから **CoA** (Care-of-Address) を取得し HA に登録する (Binding Update メッセージを送信する．このメッセージの確認応答メッセージは **Binding ACK** メッセージである)．**HA** は代理受信したパケットを，カプセル化して CoA 宛に転送すると，MN がこれを直接受信しデカプセルすることによって，CN から送られてきた IP パケットを受信することができる．

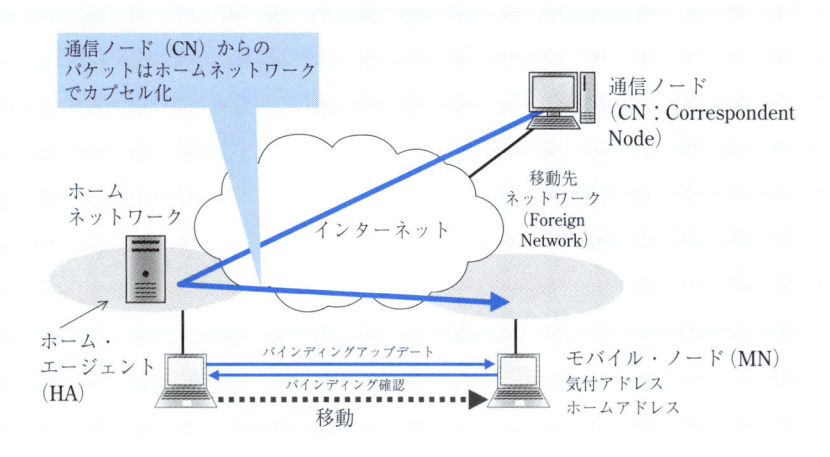

10.1 公衆リモートアクセス/Nomadic 接続

図 10-5 MN (Mobile Node) が移動したときの動作

さらに，モバイル IP では，HA を経由して IP パケットが転送されることによる遅延の増加や，HA でのパケットの処理負荷，あるいは MN における IP トンネルの処理負荷を防止するために，経路最適化手法が定義されている．図 10-6 に示したように，MN が，通信相手である CN に対して，直接 Binding Update メッセージを送信することで，モバイル IP のソフトウェアを実装した CN においては，Binding Update メッセージの受信後は，HA を介さず，MN と直接に IP パケットの送受信を行うことができるようになる．

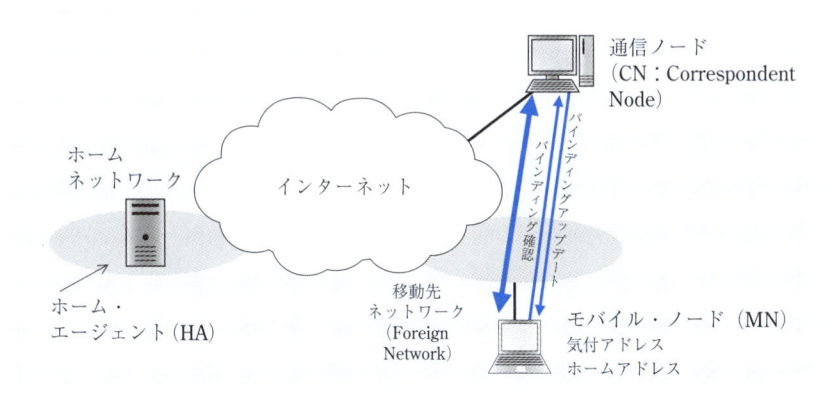

図 10-6 MN (Mobile Node) と CN (Corresponding Node) との通信における経路最適化

このように，モバイル IP では，実際に移動先のネットワークに接続するために必要な認証情報は，移動するホストが自律的に獲得し接続する．移動先のネットワークに接続後，移動ホストは移動先での移動ホストへのアクセス情報をホームネットワークに存在するサーバ (HA) に通知・登録することで，移動後も移動前と同一の情報 (ホスト名と IP アドレス) で，外部のノードとのデータ通信を行うことができる．モバイル IP を適用したシステムでは，ネットワーク間でのローミングに必要な情報の交換や共有は必要ではない点に注目が必要である．ローミングに必要な処理は，移動するモバイルノード (MN) に要求することで，ネットワーク間でのシグナリング負荷を軽減 (実際には消滅) させている．さらに，HA は，情報通信サービスプロバイダ単位に準備する必要はなく，さらに細かなネットワーク単位に分散配備することも可能である．すなわち，(アクセス) ネットワークの数および規模に関して，スケールフリーなローミングサービスを実現可能なアーキテクチャとなっている．

10.2 (私的)閉域ネットワークサービス(Private Network Service)

10.2.1 (私的)閉域ネットワークサービスの概要

　企業網のような私的閉域ネットワークは，公衆ネットワークインフラを利用して構築・運用する形態は，常に，公衆プロバイダによるサービスとある意味競合しながら，サービスの創造と展開を行ってきた．公衆ネットワークインフラの整備と拡充は，私的閉域ネットワークのユーザ，特に，企業や組織のキャンパスに存在しないとき（自宅や出張先，あるいは移動中）に，必要なアクセスポイントまでの接続性を，ユーザが存在する場所に依存せずに，かつリーズナブルなコストで提供することを可能とした．

　このように，電話回線やインターネットアクセスなどの，公衆ネットワークサービスを用いて，ユーザのコンピュータを私的閉域ネットワークに接続する（狭義のリモートアクセス）ことで，所属する組織のキャンパスネットワーク内に存在するコンピュータに，ユーザのコンピュータがキャンパスネットワーク内に存在するときと同じように直接アクセスすることが可能となる．このように，公衆ネットワークサービスを用いて私的閉域ネットワークにリモートアクセスし，仮想的に遠隔地から私的閉域ネットワークに参加して構成されるネットワークをリモートアクセス **VPN** (Virtual Private Network) と呼ぶ．また，特に，電話回線ではなく，公衆インターネットサービスを用いて構築されるものを，インターネット VPN と呼ぶ．インターネット VPN には，プロバイダが種々の暗号化/認証技術などを用いて提供する IP-VPN や透明なレイヤ 2 サービスを提供する広域イーサネットサービスなども存在するし，一方，ユーザ端末あるいはユーザサイトのルータが，キャンパスネットのアクセスルータと協調して VPN を構成する場合も存在する．前者（すなわちプロバイダが提供する VPN を利用する）の場合には，すべてのキャンパスネットワークと遠隔で接続するユーザ端末/ユーザサイトが，同一のプロバイダに接続されていなければならないという制約が発生するため，特に，複数の国にまたがったインターネット VPN を構成したい場合には，各国ごとに異なるプロバイダの VPN を利用しなければならなくなってしまう．一方，後者（ユーザ端末・ユーザサイトが自立的に VPN 機能を実現する）の場合には，このような制限がなくなり，ユーザ端末およびユーザサイトは，任意のプロバイダに接続されていても，

インターネット VPN に接続可能となる．

以下では，典型的な (私的) 閉域ネットワークの構成法の例を解説している．

10.2.2 ダイヤルアップ型 VPN

電話網が提供するダイヤルアップ接続機能を用いて，レイヤ 2 でのポイント・ツー・ポイント通信チャネルを，ユーザ端末/ユーザサイトとキャンパスのアクセスルータの間に確立して，ユーザ端末/ユーザサイトを VPN に参加させる方式である．10.1.3 で解説した，PPP や PPPoE など，レイヤ 2 回線上での接続ノードの認証を行い，適切な通信プロトコルを用いて，データ通信を行う．アナログの音声チャネル上でモデム技術を用いてディジタル通信を行う．今日の多くの電話網はディジタル交換を行っているが，ダイヤルアップ方式では，ディジタル技術で伝送されるアナログ（音声）伝送信号にモデム技術を適用し，ディジタル信号を伝送するという非効率なデータ伝送となっている．ISDN における D チャネルを用いたディジタル情報の伝送は，この非効率性を改善することを可能とするものであったが，DSL (Digital Subscriber Line) 技術の登場により，本格的な普及には至らなかった．

10.2.3 インターネット VPN (オーバレイ型 VPN)

インターネット VPN には，アプリケーションレベルでの VPN と，IP レベルでの VPN の二つが存在する．

(1) アプリケーションレベル VPN (e.g., SSL-VPN)

SSL (Secure Sockets Layer) とは，Netscape Communications 社によって開発されたトランスポート層に位置する通信プロトコルで，暗号化と認証によりセキュリティを要求される通信を提供することができる．一般的に，クレジットカード情報や個人情報を閲覧者などに伝送する際に，インターネット上に存在する第 3 者による盗聴を防止するために開発された．暗号化には共通鍵暗号が使われ，認証局 (CA；Certification Authority) を用いたサーバ認証を行うのが一般的な運用方法である．

ユーザ端末・サイトとキャンパスネットワークのサーバとの間でのすべてのデータ通信に SSL を適用すれば，安全なデータ通信を行うことが可能となる．このように，SSL 技術のような，TCP/IP 層以上の層，すなわち，アプリケー

ション層での暗号化と認証機能を用いて，VPN を構成する手法を，アプリケーションレベル VPN と呼ぶ．

（2）IP レベル VPN

IP 層での技術を用いて，VPN を構成する手法で，レイヤ 3VPN とレイヤ 2VPN が存在する．

（2-a）レイヤ 2VPN

L2TP（Layer 2 Tunneling Protocol）が，レイヤ 2VPN の構築で利用される代表的プロトコルである．L2TP は，レイヤ 3 のネットワーク上に，レイヤ 2 のトンネリングパスを提供するプロトコルの一つである．すなわち，公衆インターネット上に仮想的にトンネルを生成し，ユーザ端末/サイトとキャンパスネットのアクセスポイントとの間に PPP 接続を確立することにより VPN を構築する．なお，L2TP 自体には，セキュリティ保護機能が具備されていないため，IPsec などと組み合わせることによってセキュリティを確保する必要がある．

L2TP は複数のトンネルを同時に作成することが可能であり，NTT 東西の「フレッツ・サービス」が代表的な例として挙げられる．

（2-b）レイヤ 3VPN

レイヤ 3VPN の構築に利用されるプロトコルとしては，**IPSec**，**MPLS** および **MIP**（Mobile IP）の三つがその代表例として挙げられる．

IPsec は，IP パケット自体を保護（暗号化と改竄チェック）するので，暗号化機能を持たないアプリケーションでもセキュリティの確保が可能になる．一方で，ユーザがどのような上位アプリケーションプロトコルで通信を行っているかを知ることができない．そのため，トンネルモードと呼ばれる，キャンパスネットワークのアクセスポイントで，暗号化を解く運用形態が適用されている場合が多い．

MPLS（MultiProtocol Label Switching）技術は，キャンパス間を結ぶ仮想的通信回線（これを **LSP**，Label Switching Path と呼ぶ）をレイヤ 3 のネットワーク上に提供する技術である．IP 通信のための LSP だけではなく，任意のプロトコル通信（イーサネットや SNA など）のための LSP を提供することが可能

である．複数のプロバイダにまたがって LSP を提供することは，プロバイダの運用ポリシー上容易ではなく，LSP で相互接続されるキャンパスが同一のプロバイダに接続されていなければならない．また，高機能ルータにのみ具備されている機能であるため，ユーザ端末やユーザサイトのような SOHO (Small Office Home Office) 環境において利用することは事実上不可能である．

10.1.6 で解説した モバイル IP (Mobile IP) 技術は，IPSec 技術を用いた VPN の構築に付加的な機能を提供すると考えることができる．遠隔地からリモートアクセスするユーザ端末やユーザサイトのコンピュータの IP アドレスが，移動先に関係なく維持されるので，移動するノードがサーバとして機能する場合，あるいはピア・ツー・ピア型のアプリケーションを移動するノードで動作させたい場合に，非常に有効となる．すなわち，移動するノードへのアクセスが行われる場合に必要となる，ディレクトリサービス (ノードの名前から IP アドレスの情報を提供するサービス) の負荷を軽減することが可能となる．また，移動しても，通信相手にみられる IP アドレスは，移動先のものではないので，移動先をその IP アドレスから推定される危険性もなくなる．

10.3 モバイル通信

　継続的に移動を続けるコンピュータを，常にネットワークに接続させ通信サービスを提供することは，容易ではない．当初，携帯電話は，自動車に搭載する形態が想定されており，自動車の移動速度でも継続的に音声通話サービスを提供する必要があった．このように，移動を継続するような端末やネットワークに対してネットワークへの接続性を維持するためには，**ハンドオーバ** (Hand over) 技術が必要となる．ハンドオーバとは，「責任や権限の委譲」と意味であり，モバイル通信におけるハンドオーバとは，移動する端末やネットワークが利用するアクセスポイント（移動体に対して通信サービスを提供する責任を持つ）を移動体の移動に合わせてリレーする機能を指す．

　各アクセスポイントがサービスを提供可能な物理的な広さ（携帯電話システムではこれをセルと呼ぶ）は，それぞれの通信方式によって異なる．携帯電話サービスが開始された頃のセルの大きさは数 km から数十 km と大きかったが，最近では，数百メートル程度になっている地域も少なくない．無線 LAN の場合には，10 メートル程度の大きさとなっているのが一般的である．

　ハンドオーバには，水平 (Horizontal) と垂直 (Vertical) の二つの形態が存在する．水平なハンドオーバとは，同一の通信サービス提供者のアクセスポイントの間でのハンドオーバを指す．すなわち，移動体は，移動中に利用する通信サービス提供者を変化させない．携帯電話におけるハンドオーバがこの典型例である．一方，垂直なハンドオーバとは，移動中に，異なる通信サービス提供者のアクセスポイントを用いながらハンドオーバを実現する形態である．通常，通信サービス提供者が異なれば，移動体が利用する IP アドレスは同一のものではなく，したがって，アクセスポイントの通信サービス提供者が変化した場合には，通常，データ通信が中断してしまう．このような問題を解決することができれば，移動体は，移動中に最適の通信サービス提供者を利用しながら，継続的なデータ通信を行うことが可能となる．さらに，通信サービス提供者は，通信インフラをサービス提供者間で互いに補完的に相互利用することで，通信インフラ構築に必要なコストの削減を行うことができる可能性も存在する．垂直ハンドオーバを実現するトランスポート技術としては，MIP (Mobile IP) や SCTP (Stream Control Transmission Protocol) が挙げられる．

10章の問題

☐ **1** 日本における PHS，携帯電話サービスおよび無線 LAN サービスに割り当てられている周波数を調査し報告しなさい．

☐ **2** 携帯電話システム と 無線 LAN を用いたホットスポットサービスのビット単価を比較しなさい．

☐ **3** 携帯電話，WiFi ホットスポット，Mobile IP の違いを シグナリング と ユーザ情報の転送経路 という視点から比較整理しなさい．

☐ **4** 半径 A メートルの領域でサービスを提供可能な無線基地局を用いて，全県（あるいは都道府）サービスを提供することを考える．障害物や起伏のない理想的な場合に，いくつの基地局を設置する必要があるか見積もりを行いなさい．

☐ **5** 異なる 3 地点において，観測される無線アクセスポイントの識別子と総数を報告しなさい．

11 セキュリティ

　企業活動や一般インターネットユーザの活動は，ブロードバンドネットワーク環境の整備とともに，急速にコンピュータ通信基盤への依存度が急増している．すなわち，日々の社会・産業活動は，コンピュータ通信基盤の障害によって甚大な被害を蒙ってしまう．安心・安全なコンピュータ通信基盤を構築・運用するためには，適切なセキュリティ対策をコンピュータ通信基盤に適用導入運用しなければならない．

11章で学ぶキーワード
- 完全性
- インシデント
- 不正アクセス
- DMZ
- IDS
- ファイアウォール

11.1 セキュリティ対策の必要性と概要

近年，Web サイトが攻撃や改竄事件，ファイル共有ソフトによる悪質なウィルスソフトウェアの伝播，さらに，数々の個人情報に関する機密情報の漏洩事件が発生し，ますます，コンピュータシステムへのセキュリティ対策の必要性に関する認知度が増大している．

コンピュータネットワークシステムにおけるセキュリティ対策を設計運用する際には，以下の点に留意することが必要である．

(1) 完全性は保証されない

セキュリティ対策においては，ほとんどの場合，完全性を期待することはできない．すなわち，ある確率で，**インシデント** (事件；Incident) は発生してしまう．問題なのは，いかに，インシデントが発生した場合の被害を小さくするかにある．具体的には，(a) インシデントの発生確率を小さくする (重要なことは，確率をゼロにすることはできないことである)，(b) インシデントの発生による被害を小さくする，(c) インシデントの影響 (2次災害) を小さくする ことである．

(2) ほとんどのインシデントは内部者

一般的に，外部ネットワークからの不正侵入者による被害の甚大さとその対策の重要性が強調される傾向にあるが，実態としては，外部からの攻撃による被害よりも，内部ユーザが原因のセキュリティインシデントの方がはるかに多い．すなわち，組織ネットワークの内部ユーザへの，セキュリティ教育と対策の徹底が，最も重要なセキュリティ対策となる．情報漏洩の多くは，外部ネットワークからの侵入者による情報取得ではなく，内部ユーザによる外部者への故意の情報提供である．あるいは，悪性ソフトウェアウィルスは，セキュリティ意識/知識の低い内部ユーザが利用しているモバイルコンピュータが原因であることが非常に多い．米国のある調査では，不正アクセスを受けた企業の70％以上が，組織内部の問題だったという報告もある．

(3) **ポートフォリオ**的な考え方

セキュリティインシデントの発生確率は下げることはできるが，ゼロには

11.1 セキュリティ対策の必要性と概要

できない.すなわち,ある確率でセキュリティインシデントは発生してしまうことを考慮した,システム運用を考える必要がある.製造会社等において,事業所内での事故の発生は,ゼロに抑えることは事実上不可能であり,事故の発生ゼロにすることを目標にはするが,同時に,事故が発生したときの災害を最小限にするための施策や,事故が発生した場合の対応方法の検討が行われ実践される(安全衛生活動).基本的な対策は,(a)予防策,(b)対処法の二つである.(b)インシデント対処法には,(i)事前のインシデント発生時の対処法の周知/マニュアル化と,(ii)事後の具体的インシデント対応とが存在する.これらの施策の実施に必要なコストと,施策を実施しなかったときの被害額の"期待値"を,ポートフォリオ的に評価し,適度な対策を策定する必要がある.たとえば,2001年夏に発生した「**Code Red**」ワームは,マイクロソフト社のIISサービスの脆弱性を攻撃するインシデントであったが,この際,韓国での被害が非常に大きかった.これは,韓国におけるMS Windowsの違法コピーの数が多かったことに起因しているという意見もある.日本や欧米では,違法コピーの割合と数が少なく**セキュリティパッチ**(Windows Update)が適切に適用されていたため,被害総数が,韓国に比べて少なかったとの観測である.事前の予防対策への投資(Windows Updateの適用)を怠ったために,インシデントの発生数が大きく,その結果災害総額が大きくなってしまったという例に相当する.これは,最近の生命保険ビジネスも同様である.生命保険会社は被保険者の健康状態を良好にすることで,保険金の支出額を結果的に小さくすることができるため,被保険者の健康向上に向けたアドバイスを行ったりしている.また,保険の加入にあたっては,保険金の支出期待値(=インシデントの発生確率と被害総額の積の期待値)が大きい場合には,保険金が高く設定されるし,期待値が非常に大きい場合には,保険への加入が拒否される.

なお,法律で決められたものや,コストとして換算できないほど甚大な被害をもたらすようなインシデントへの対策は,実施が必須のセキュリティ対策として,ポートフォリオの中に計上されなければならないことは,当然である.

(4) 使い勝手とセキュリティ度の天秤

セキュリティ対策の実施は,一般的に,ユーザの使い勝手を劣化させ,結

果的に作業・業務効率を低下させてしまう．作業・業務効率の低下は，収入額の減少となり，これは，セキュリティ対策の予防策に必要なコストを考えることができる．すなわち，セキュリティ対策をどのくらい厳密なものにするかは，作業・業務効率の低下度とのバランスで考えなければならない．

(5) グローバル性と国家の制約の矛盾

セキュリティ対策の中には，企業や個人に対して，法律等により義務化されるものも存在する．プロバイダにおけるロギング機能や個人情報保護に関する対策などがその典型例である．法律は，国ごとに異なっており，国境を越えグローバルにディジタル情報の交換を行うコンピュータネットワーク（特にインターネット）では，異なる規則を持つ国にまたがったセキュリティ対策とシステムの最適化が行われなければならない．たとえば，データの暗号化に必要な暗号ソフトウェアの輸出入は，国家安全保障に関わるものとして，国ごとに異なる管理基準を持っていることが多い．すなわち，各国ごとに，仮定可能なセキュリティレベルや施策は，必ずしも同一とすることが不可能な機能・システムが存在する場合がある．

以下では，まず，不正アクセス行為の概要を解説し，次に，不正アクセスへの具体的で体系的な対処方法を紹介する．その後，コンピュータネットワークにおけるセキュリティレベルを向上させるための技術および管理面での国際標準化活動と法制面での取り組みを述べる．最後に，セキュリティ技術の重要な要素技術である，暗号と認証技術の基礎的解説を行う．

> **コラム** **ハッカーとクラッカー**
>
> コンピュータやインターネットの知識を悪用してアクセスが許可されていないコンピュータシステムに侵入し，データを改竄したり，サービスを妨害したりすることを不正アクセス行為（サービス妨害は法律上不正アクセス行為に該当しないが）もしくはクラッキング行為，こうした悪事を行う人たちを**クラッカー**と呼ぶ．なお，マスコミは彼らをハッカーと呼ぶことがあるが，正しくはクラッカーである．**ハッカー**はコンピュータやネットワークの内部動作を深く理解することに喜びを覚える人を指し，ハッカーたちの努力によってグローバルなインターネット環境が確立された．

11.2 セキュリティ要素技術

セキュリティ防衛対策に効果的な要素技術の中で，重要な技術要素であるファイアウォール技術と暗号および認証基盤技術に関する解説を行う．

11.2.1 ファイアウォール技術

ファイアウォールは安全性が必ずしも保障されていないインターネットと，安全に保たなければならない内部ネットワークとの境界に配置され，外部からの不正なアクセスを防御する．ファイアウォールには，IP層レベルでセキュリティ機能を適用させるパケットフィルタリング型と，TCP/UDP以上の層でセキュリティ機能を適用させるアプリケーションゲートウェイ型とに大別される．

パケットフィルタリング型は，送信先IPアドレスとポート番号および送信元先IPアドレスとポート番号との組み合わせでフィルタリングするもので，アクセスリストに従って通過を許可するパケットの転送を行う．

一方，**アプリケーションゲートウェイ**型は，プロキシサーバによる中継機能を利用してアクセス制御を行うものである．たとえば，組織内のユーザが外部（インターネット）のWebサイトをアクセスしようとする場合，ユーザからのHTTPパケットをそのままインターネットに送出するのではなく，プロキシサーバがユーザに代わってWebサイトをアクセスし，Webサイトから送られてきたWebページをユーザに中継する．すなわち，内部ネットワークと外部ネットワークとの間での直接的な情報の送受信を防止することによって，組織内システムをインターネットから隠蔽しセキュリティ度を高めようとするものである．

図11-1は，ファイアウォールの配置例を示したもので，ファイアウォール

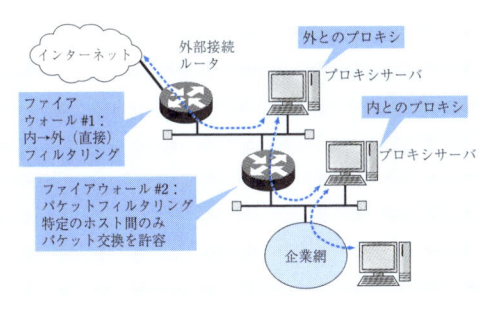

図 11-1 緩衝地帯DMZを用いたファイアウォールシステムの構築例

#1をインターネット側に，ファイアウォール#2を内部ネットワーク側に配置し，外部ネットワークに開放しているメールサーバやWebサーバを緩衝地帯DMZ（非武装地帯ともいう）に設置したものである．この例では，ファイアウォール#1をすり抜けて外部公開サーバが攻撃されても，ファイアウォール#2によって内部ネットワークが防御される．

11.2.2 暗号化および認証技術基盤

データの改竄や盗聴を防ぐ上で重要な役割を担っている暗号化技術ならびに認証技術，さらに，これらを効率的かつ機能的に動作さるために必要となる鍵管理技術に関する概要を解説する．

(1) 暗号化技術

暗号化技術により，ごく少量の（暗号化に必要な鍵）情報を管理・利用するだけで，大量の情報を盗聴されることなく安全に通信相手のコンピュータに送信もしくは自コンピュータ内に保存することが可能となる．暗号化技術は図11-2に示すように，共通鍵暗号方式と公開鍵暗号方式とに大別される．

共通鍵暗号方式の代表が，1977年に米国商務省標準局が定めた**DES**（Data Encryption Standard）で，送信者と受信者双方が同じ秘密鍵（第三者に漏洩してはならない）を共有する方式である．56ビットの鍵を用いて64ビット単位に平文（「ひらぶん」と読む）を暗号化し，逆に暗号文を復号化する．共通鍵暗号方式には，他にDESを3重に施すトルプルDES，IDEA，FEALなどがある．これらは高速に暗号処理を行うことができるが，相手との間で秘密鍵の交換を行わなければならないこと，送信データの信憑性を確認する手段がないことが問題である．

公開鍵暗号方式の代表は，1978年に開発された**RSA**（3名の開発者：R. Rivest, A. Shamir, L. Adelmanの頭文字を取って命名した）で，公開鍵（第三者に漏洩しても構わない）と秘密鍵とからなる非対称型の暗号方式である．鍵には512～1,024ビットが使われることが多く，暗号化処理は共通鍵暗号方式に比べ数百～数千倍となってしまう．公開鍵暗号方式には，他にDSA，ECC，EI Gamalなどがある．公開鍵暗号方式は，以下のような重要な性質を持っている．Aさんが公開している公開鍵を使って暗号化された文書は，対応する秘密鍵を持っているAさんにしか復号できない．Aさんが多数の人と秘密文書の

相互交換を行う場合にも，Aさんは秘密鍵一つのみを保存管理すれば十分である．送信時は，秘密鍵で暗号化すれば，受信者は公開鍵を使って，複合化を行うことができ，しかも，複合化に成功したデータはAさんから送信されたものであることが保証されている．逆に，Aさんがデータを受信する場合には，公開されている公開鍵を用いて暗号化されたデータは，Aさんが所有している秘密鍵を用いてしか複合化することができず，したがって，各送信者は送信したデータがAさんにしか複合化されないことが保証された状態でデータの転送を行うことができる．また，Aさんは，秘密鍵で複合化できたものは，必ず，公開している公開鍵を用いて暗号化されたデータであることが保証されている．つまり，Aさんが送信する暗号化データに関しては，後述する送信者の認証機能を，暗号化の機能と同時に提供していることになる．

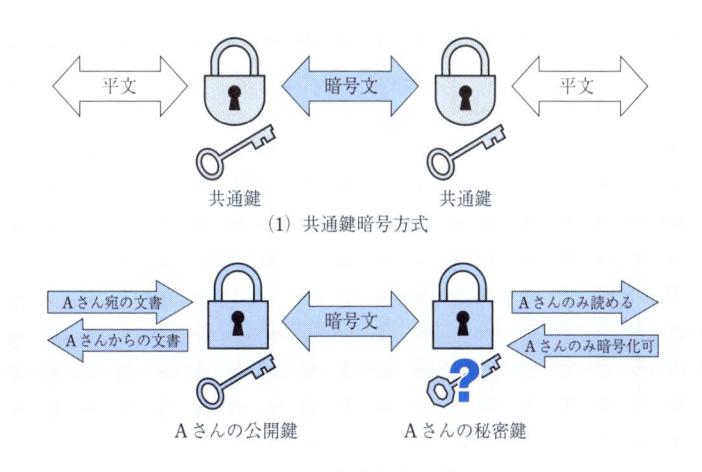

図 11-2　暗号方式の種類

実際の，暗号メッセージの送受信には，公開鍵方式と秘密鍵方式を組み合わせたハイブリッド型の暗号方式がよく利用される（図 11-3 参照）．Aさんが公開鍵と秘密鍵の対を生成し，公開鍵をBさんに知らせる．Bさんはデータの通信時に情報を暗号化するための共通鍵（使いすての共通鍵 あるいは セッション鍵と呼ぶ）を生成し，公開鍵を使って共通鍵を暗号化してAさんに送る．Aさんは送られてきた暗号化共通鍵を，Aさんが以前に生成した秘密鍵を使って復号し，共通鍵を復元する．その後，AさんとBさんはこの（使いすての）共

通鍵を使ってデータ通信を行う．

　暗号化に使用する「鍵」は，何度も使用していると解読される可能性が高くなるので，このように，公開鍵暗号方式を用いて定期的に新しいものへ更新していく手法が広く採用されている．高速処理性と高い秘匿性とを両立させた理想的な暗号方式といえる．

(2) ディジタル証明書

　図 11-4 は，ITU の規格となっている **X.509** によるディジタル証明書のメカニズムを示している．たとえば，インターネット上で電子店舗を開店しようとする被証明者が，信頼できる第三者として「**証明書発行局（CA；Certification Authority）**」にディジタル証明書の発行を依頼する．ディジタル証明書には，被証明者の名称や被証明者が生成した公開鍵情報に，CA 側が使用する X.509 規格のバージョン，シリアル番号，証明書の有効期間（数秒から 100 年間まで）などが付加されさた後，**ハッシュ関数**（長いデータを 16～20 バイトの固定長に圧縮変換したダイジェストを算出するもので，ダイジェストから元のデータを復元できないことが暗号と異なる）にてダイジェストを求める．これを CA の秘密鍵で暗号化したものをディジタル署名と呼び，ディジタル証明書に添付される．

　電子店舗のユーザは，暗号処理機能を使って，電子店舗からディジタル証明書をダウンロードし，CA と同様にハッシュ関数にて**ダイジェスト**を求める．そして添付された CA のディジタル署名を CA の公開鍵を使って復号し，ユーザ自身が算出したものと比較する．一致していれば信頼できる店舗と認識することができる．その後，ディジタル証明書に添付されている被証明者が生成した公開鍵を使って注文などを行っても，第三者にみられることなく電子店舗に送ることができる．

　こうしたディジタル証明書は電子店舗などのサイバー企業に限らず，個人あるいは，電子メールおよび文書など，証明が必要なものすべてを対象にすることができるが，対象の正当性を証明するものと一緒に自分の秘密鍵を沿えて申し込み，CA の審査を受ける必要がある．VeriSign や Entrust など有力な CA がいくつか存在するが，さらにこれらの CA の正当性を証明する機関をルート証明局と呼び，インターネットにおける信頼基盤の根幹を形成している．

11.2 セキュリティ要素技術

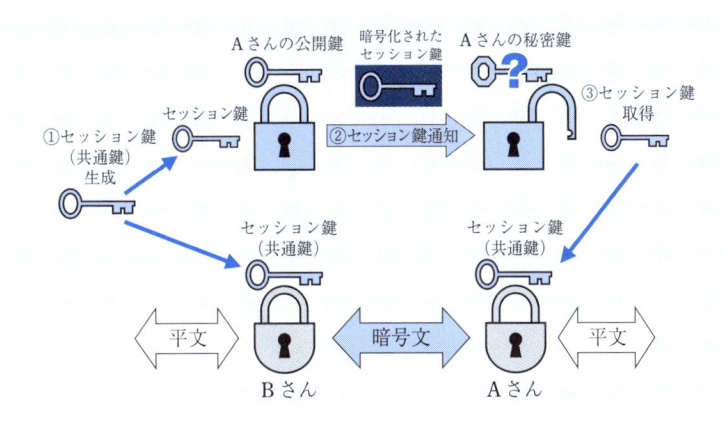

図 11-3 X.509 ディジタル証明書の仕組み

(3) PKI と暗号・認証プロトコル

公開鍵暗号方式を活用すればオープンで安全性が保証されていないインターネットであっても，信頼できる情報交換や電子商取引を行うことが可能になる．

セキュリティ機能の実現には，以下の三つの機能要素が必要となる．

(ⅰ) 情報やパスワード，秘密鍵などを暗号化する暗号機能，
(ⅱ) アクセス者のアクセス権もしくは本人であることを確認するための認証機能，
(ⅲ) 受信した情報に改竄がなかったことを確認したり，送り手が後で送ったことを否認できないようにしたりするための署名機能

また，(OSI 参照) 層とサービスごとにさまざまなプロトコルが開発され，多くの選択肢が用意されている．これらの中には，PGP と S/MIME や SSL と TLS，あるいは PPTP と L2TP のように，技術の進歩に伴う改良や統合化が行われたもの，あるいはベンダー間の競争によって類似製品が出回るようになったものもある．たとえば，Web による電子商取引には S-HTTP もしくは SSL を，また電子メールには PGP または S/MIME が選ばれたりしている．

11章の問題

☐ **1** コンピュータネットワークシステムにおけるセキュリティ対策を設計運用する際に留意すべき5つの項目を挙げなさい．

☐ **2** 「クラッカー」と「ハッカー」の違いを説明しなさい．

☐ **3** グループ内での暗号通信を行いたい．グループ内で暗号化に必要な「鍵」対の総数を，秘密鍵暗号方式と公開鍵暗号方式のそれぞれに対して，10名，100名，1,000名，10,000名の場合で比較しなさい．

☐ **4** 公開鍵暗号方式を用いた一般顧客を対象にしたサービスを考えなさい．

☐ **5** アプリケーション型ファイアウォールを適用した場合の利点と欠点を整理しなさい．

12 ガバナンス

　情報通信ネットワーク上では，情報がグローバルに流通・加工・共有される．このためには，異なる製造会社が製造したハードウェアおよびソフトウェアが相互に接続しデータの交換を行えるように技術の標準化が行われなければならない．また，情報のグローバルな流通を促進するためには，さまざまな情報の取り扱いに関するルールを国内外で制定・運用しなければならない．本章では，これら，情報通信ネットワークの良好な運用に必要なガバナンス機構の概要を学ぶ．

12章で学ぶキーワード

- クリエイティブコモンズ
- 著作権
- ネットワークの中立性
- デ・ジュール
- デ・ファクト

12.1 情報の管理と利用に関わる権利と義務

情報通信ネットワーク上で扱われる情報の管理に関しては，大きく次の三つが存在する．

(1) 著作権を伴う情報の管理
(2) クリエイティブコモンズ
(3) ネットワークの中立性

12.1.1 著作権を伴う情報の管理

インターネット文化では情報の流通と共有を促進することで，新しい情報の利用法と市場の創造を推進するという，エンドツーエンドアーキテクチャの思想に基づいた考え方が存在する．ブロードバンドインターネット環境の進展・整備と普及と半導体技術の進歩によるディジタル情報処理の発展に伴い，音楽や映像コンテンツもディジタル化され，インターネットを用いて流通・共有することが可能となった．その結果，第9章で解説したピア・ツー・ピアネットワーキング技術を用いた，音楽や映像コンテンツのインターネット上での流通と共有を行うことを可能にするアプリケーションが登場し，それまで，コンテンツ情報を主に媒体 (レコード，テープ，CD あるいは DVD など) に固定して流通させる構造でそのビジネスモデルを構築運用してきた商用の音楽産業や映像業界との間での，軋轢が発生するようになった．すなわち，音楽や映像などの商用の著作物のアクセス (所有と鑑賞) に対する，(著作) 権利使用料の管理に関する問題である．

出版物などに関する著作権を保護するための国際的な枠組みは，100年余前の1884年にベルヌ条約として成立している．その後，レコードや映画，テレビ，CD そしてインターネットへと (商用の著作権を持つ) 情報の配信メディア技術は進化し，これらの進化に合わせて著作権に関する考え方も多様な変化を遂げてきている．

第9章で解説した NAPSTAR は，サービス開始後瞬く間に 3,000 万以上の会員を集めた．全米レコード工業会 (**RIAA**) は，1999年12月に原告 (米レコード会社) 側は，ユーザ間での音楽ファイルの直接交換という著作権侵害行為を NAPSTAR が寄与侵害 (他人の侵害行為を荷担) した，もしくは代位責任 (他人

12.1 情報の管理と利用に関わる権利と義務

の侵害行為をコントロールできる立場にある者の責任)を負うとしてカルフォルニア州の地裁に提訴した.

その後原告らは暫定的な差し止め命令を求めたが,これに関する控訴審判断は寄与侵害と代位責任を認めたものの,サービスそのものは寄与責任や代位責任を形成するものではないとして,被告が原告側の著作物へのアクセスを遮断できるよう,原告に対して原告側が著作権を有する音楽ファイルを通知することを命じた.原告から通知された音楽ファイルは,検索サービスの対象から削除されるが,その他の音楽ファイルに関するサービス継続されている.

この判決は,著作権侵害問題を起こしたからといって,サービスそのものを否定したり禁止したりしない,すなわち新技術と著作権との新たな調和点を見出し,さらなる進歩を目指そうとする米国社会の活力を感じさせる事件だったといえる.

また,類似する考え方が具現化したものとして,通信品位法(米国)が挙げられる.グッドサマリタン条項と呼ばれる ISP の免責規定である.これは,有害な情報を除去するための民間による技術開発を促進(失敗を恐れて開発を逃避することがないように)するために,有害情報の除去を怠っても罪に問われないというものである.

このような考え方は,12.1.3 で議論する情報通信サービスプロバイダに対する義務とネットワークの中立性に大きく関係するものである.

12.1.2 クリエイティブコモンズ

クリエイティブコモンズ (Creative Commons) とは,ディジタル化された著作物を,法的手段を利用して,創造,流通,検索の促進をはかるもので,米国の憲法学者 Lawrence Lessig 教授などが中心になって運営されているプロジェクトである.コンテンツを"**コモンズ**"として利用を可能にする法的手段には,パブリックドメインやオープンコンテントによるライセンスがある.また,知的財産権によりコントロールされる部分を意図的に制限し,残りの部分を「コモンズ(共有地)」に置くことによって,様々な創造的活動を支援することを目的とした,クリエイティブコモンズライセンスというライセンスも定義されている.すなわち,著作権を全て留保する "All Rights Reserved" と,いわゆるパブリックドメインである "No Rights Reserved" の中間の,"Some Rights Reserved"

が，クリエイティブコモンズライセンスにより定義される．

情報を共有しようとすると，知的所有権法や著作権法が障害になる場合があるが，この運動の基本的なねらいは，そのような法的問題を回避することにある．これを達成するために同プロジェクトは，著作権所有者が作品のリリースにあたって無料で利用できるようなライセンスのテンプレートを作成・提供し，さらに作品がネットワーク上で公開される際に，検索や機械処理をしやすいようなメタデータのフォーマット (XML) の提案も行っている．

12.1.3 ネットワークの中立性

(1) 情報通信サービスプロバイダは，ユーザが送信する情報の内容を検閲したり差別したりすることができない．これは，ネットワークの中立性 (Network Neutrality) に関連する，情報通信サービスプロバイダに課せられた義務である．すなわち，情報通信サービスプロバイダは，ユーザデータの内容に関与する権利を持たない．これは，ユーザが，サービスプロバイダが提供するサーバ機器 (ユーザのホームページを運営するサーバを含む) に存在するユーザデータの中味を検閲することができないことを意味する．

NAPSTAR 社のように，インターネット上で，アプリケーションサービスを提供する，いわゆる ASP (Application Service Provider；アプリケーション・サービス・プロバイダ) が，上記の情報通信サービスプロバイダと同様であれば，ASP を利用するデータの検閲を行うことは禁止されており，したがって，特定のコンテンツのみへのサービス提供は実行することができないという論理となる．

(2) 情報通信サービスプロバイダは，ネットワークに接続される情報通信機器が，ネットワークに対して甚大な問題を発生させない限り，その情報通信機器を接続する義務を持つ．いわゆる，端末機器のオープン性の確保である．有線ネットワークに関する端末機器のオープン性の確保は現在では実現されているが，無線ネットワーク，特に携帯電話に対して端末機器の接続に関する中立性 (オープン性) が実行されていないのではないかとの議論が存在している．

また，この義務の派生として，プロバイダの相互接続要求への公平な

対応の義務や，通信回線に関する Use of Rights の遵守義務が存在している．前者は，他プロバイダからの相互接続要求に対しては，公平な条件で応じる義務があるという考え方である．後者は，電話回線（銅線）と光ファイバは，プロバイダからの利用要求に対して公平な規則に基づき，利用させなければならないという義務である．これらのルールは，特定のプロバイダによる市場独占/寡占を防止することと，新規プロバイダの市場参入と市場での競争を促進することを目的としている．

コラム 研究開発倫理

　研究開発者は，その技術がどのように利用されるのかということに関する関心と倫理観を持つことも重要である．科学技術は，人や社会の活動を豊かで創造性溢れるものにすることが目的であり，人々を不幸にしたり破壊活動を助長したりするようなものであってはならない．しかし，一方で，どのような技術にもよい面と悪い面が存在する（諸刃の剣）．我々は，この悪い面を可能な限り小さくし，よい面をより引き出すような研究開発と，技術の利用に関するガバナンスを適用しなければならないことは当然であるが，悪い面が存在するという理由から新しい技術が直ちに制限され，その技術的な発展が阻害されることも同時に防止しなければならない．包丁や自動車は，人々や社会活動を便利で豊かなものにしているが，一方で，交通事故や怪我の原因となったり，さらに殺人の道具として悪用されたりすることもあるが，利用を完全に制限するのではなく，悪用や事故を防止するための運用のルール（法律や法令など）や機器の改良を行うことで，そのよい面を最大限引き出すようなガバナンスを適用している．このような視点から，**Winny** 事件は，刑事罰として，Winny システムの研究開発者が，情報漏洩や不適切な利用法を幇助としたとして実刑判決が下されたことは，大変憂慮されるべきものであったと認識しなければならない．すなわち，我々は，新しい技術の可能性の追求と改良を助長し，よりよい科学技術の発展を推進するような適切なガバナンスの実行が行われるように努力を続けなければならない．

12.2 技術標準化

12.2.1 技術標準化の目的と推進形態

　情報通信ネットワークにおける技術仕様の標準化は，そのオープン化を実現ならびに促進するために，非常に重要な機能である．技術の標準化は，共通の技術が，広い市場で適用利用され，健全な競争を促進し，技術の進歩とコストダウンを促進する．また，技術の標準化は，情報通信ネットワークおよびこれを構成する情報通信機器さらに情報通信機器を構成するコンポーネント（ハードウェアおよびソフトウェアの両方）に関して，複数の選択肢の存在を加速させる．選択肢の存在と提供は，結果的に，サービスおよびビジネスの継続性を容易にすることを認識しなければならない．たとえば，仮に，あるベンダーの機器が製造中止なっても，他社の製品を用いて，サービスを継続・維持することが可能となる．あるいは，企業の買収・吸収においては，情報通信機器とネットワークおよびサービスの相互接続性が確保されていると，システムの統合化に伴うコストを低く押させることが可能であるし，売却する側にとっては，設備の資産評価価値が大きくなり売却しやすくなる．

　技術の標準化・オープン化は，差別化技術を持つ企業にとっては，他社製品の市場参入を可能とするため，一般的には歓迎されない方向性である．情報通信ネットワークの理想は「いつでも，どこでも，誰とでも」であるが，企業は「いまだけ，ここだけ，あなただけ」が理想と考える傾向にあり，矛盾する方向性となる．すなわち，このような企業のエゴで市場がコントロールされないように，公平な技術の標準化作業とその普及の推進に向けた努力が，以下に示した組織などによって推進されている．ますます，複雑化，大規模化する情報通信ネットワークおよび情報通信機器においては，分業体制での情報通信機器およびシステム開発の必要性と，技術の戦略的標準化とオープン化が，市場の創造と拡大に寄与するとの認識が，一般化しつつあることも，技術の標準化・オープン化を加速する要因になっている．

　最後に，標準化作業の進め方には，以下の二つのカテゴリーが存在する．

(1) **デ・ジュール標準** (De Jule Standard)

　公的な機関での議論の結果，標準として合議されたものである．ITUや，

ISO/IEC などの国際技術標準化機関での技術規格や，TTC や ARIB あるいは JIS などの国内標準化機関で制定された技術規格が，これに該当する．

(2) **デ・ファクト標準** (De Facto Standard)

事実上 (de facto) の標準といって，市場で多くの人に受け入れられることで事後的に標準となったものをいう．たとえば，インターネット技術標準である TCP/IP や，マイクロソフトの Windows あるいは VTR 規格の VHS がその典型である．

一般的に，情報通信分野におけるデ・ジュール標準では技術仕様が先に策定され，それをもとに製品が開発される．一方，デ・ファクト標準では製品が先に開発・市場展開され，それをもとに標準技術仕様が策定される．技術仕様の公平性はデ・ジュール標準の方が一般的に高いが，多くの場合，定義した技術仕様で，実際の製品開発と展開に関して必要でない機能を定義していたり，あるいは，その逆に必要な機能を定義していなかったりすることが発生してしまう．ITU-T において標準化された ATM (Asynchronous Transfer Mode) システムはその典型といえるであろう．一方，デ・ファクト標準においては，標準化対象となる製品が市場展開に成功したあとに，技術標準化が行われるため，技術の公平性の確保がより困難となる．

したがって，最近では，次世代携帯電話システムの技術標準を推進した 3GPP/3GPP2 や，(近年の) IETF のように，複数のグローバル企業が連携しながら，共通の技術仕様を，製品の市場展開を行いながら展開する形態が一般化しつつある．

12.2.2 デ・ジュール標準化組織の具体例

(1) **国際電気通信連合 (ITU；International Telecommunication Union)**

国際連合 (UN；United Nation) の専門機関の一つで，無線通信と電気通信分野において各国間の標準化と規制を確立することを目的としている．本部はジュネーヴに存在する．主な業務は情報通信システムに関する技術仕様の標準化，無線周波数帯の割り当て，国際電話を行うために各国間の接続を調整することなどであり，無線通信部門 (ITU-R)，電気通信標準化部門 (ITU-T)，電気通信開発部門 (ITU-D) と事務総局からなる．

(a) 電気通信標準化部門 (**ITU-T**)

ITU-T は，ITU Telecommunication Standardization Sector の略で，有線を用いた情報通信システムの技術標準仕様の策定を行っている．ITU-T は勧告という形が標準となる．

(b) 無線通信部門 (**ITU-R**)

ITU-R は，ITU Radiocommunications Sector の略で，無線を用いた情報通信システムの技術標準仕様の策定と周波数の割り当てに関する勧告を行っている．衛星通信のような国をまたがる電波の平等で経済的な割り当てや，異なる方式の無線電波による相互干渉を防ぐための無線技術と無線割り当ての基準の制定などを行っている．

数年に一度，**WRC** (World Radiocommunication Conference) を開催し，無線通信に関する勧告を決定する．この勧告には法的な拘束力があり，ほぼそのまま，各国の電波法に反映される．

(2) **国際標準化機構** (**ISO**；International Organization for Standardization)

電気分野を除く工業分野の国際的な標準規格を策定するための民間の非営利団体である．本部はスイスのジュネーヴに存在し，各国1機関が参加可能である．

ISO で策定された国際標準規格である IS (International Standard) は，ISO {企画番号}:{制定/改定年} という形式で命名される．IS の他にも，一般仕様書 (PAS)，技術仕様書 (TS)，技術報告書 (TR)，などが存在する．

(3) **国際電気標準会議** (**IEC**；International Electrotechnical Commission)

電気分野の標準規格は国際電気標準会議 (IEC) によって策定される．また，ISO と IEC の双方に関連する分野は，**ISO/IEC** JTC 1 (合同技術委員会) を作り標準化を行っている．

(4) **IEEE** (The Institute of Electrical and Electronics Engineers, Inc.)

米国に本部を持つ電気・電子技術の学会である．1963年にアメリカ電気学会 (AIEE) と無線学会 (IRE) が合併し，組織された．多くの分科会を持ち，主な活動内容は，書籍の発行，標準化 (規格の制定) 等である．コンピュータ通信における数多くの技術標準を策定してきた．

12.2.3 デ・ファクト標準化組織の具体例

(1) **IETF** (Internet Engineering Task Force)

TCP/IP を核とする，インターネットシステムに関係する技術標準仕様を策定している．オープンな組織で，会合への参加は，組織を単位とせず，個人の資格での参加を原則としている．実際の標準化作業は作業部会 (Working group；WG) で推進され，メーリングリストと年3回 (2回は北米，1回は北米以外の国) の IETF 会議で議論が行われる．策定された標準仕様は最終的には，**RFC** (Request For Comment) という形態/名称でオンライン化される．

IETF における標準化手順で特徴的なのは，技術仕様の標準化には，三つ以上の独立した実装と，それらの間での相互接続性が確認されることを，原則としている点にある．すなわち，実装の実績と相互接続の実績が確認できていない技術仕様は，市場展開が可能なレベルまで確立されたものとはみなさないという思想である．この原則は，IETF への参加者の肥大と，IETF がカバーすべき技術領域の拡大に伴い，緩和される傾向にあるといえよう．

(2) **W3C** (World Wide Web Consortium)

W3C は，World Wide Web に関連する各種技術の標準化を推進するために設立された非営利団体である．MIT や CERN が中心となって 1994 年 10 月 1 日発足．2003 年現在，MIT/LCS, ERCIM, 慶應義塾大学が中心となって活動している．具体的には，HTML, XML, MathML, DOM 等の規格を勧告を行っている．HTML は，従来，IETF で RFC として標準化されていたが，HTML 3.2 以降は W3C へと引き継がれた．

(3) **3GPP**/3GPP2

3GPP (Third Generation Partnership Project) は，第三世代携帯電話 (3G) の普及促進と，付随する仕様の標準化を行う業界団体として，1998 年に設立された．実際には，W-CDMA (UMTS) に関する通信方式やデータフォーマットの標準化を行っており，主にノキアやエリクソン，NTT ドコモ，ソフトバンクテレコムなどが参加している．

3GPP2 (3rd Generation Partnership Project 2) は，CDMA2000 の普及推進と，付随する規格の標準化を行う業界団体で，1998 年に設立された．主に

Qualcomm やサムスン電子，Verizon Wireless, KDDI らが参加している．ITU-T や ETSI において技術標準化が推進されている NGN (Next Generation Network) の基盤プロトコルである IMS (IP Multimedia Subsystem) は，3GPP および 3GPP2 で策定されたものである．

(4) **IANA** (Internet Assigned Numbers Authority)

IANA は，インターネットに関連する番号を管理する組織である．具体的には，IP アドレス，ドメイン名および TCP ポート番号等の標準化・割り当て・管理などを行う．アメリカの南カリフォルニア大学の ISI (Information Sciences Institute) に本部が存在する．ジョン・ポステル氏が中心となって始めた組織で，歴史的に運営費用の 1 部がアメリカ政府により援助されていたが，国際的な機関となるために，1999 年，ICANN の援助によって活動する組織に変更された．現在は，ICANN の下部組織となっている．

12.2.4　技術標準化組織の課題

情報通信システムの国際標準化に，デ・ジュール標準とデ・ファクト標準が存在するために，グローバルな技術標準が同一の機能を提供するシステムに複数定義され存在・展開される傾向がある．最近では，このような弊害を避けるために，他の標準化組織で策定された技術仕様を，そのまま，参照して仕様名のみをその標準化組織のものに付け替えることも行われている．しかし，一般的には，多組織での技術標準を取り込む際に，独自の仕様変更・修正が行われることがあり，結果的に微妙に異なる国際標準仕様が策定されてしまう事例も発生している．IETF で策定された MPLS 技術の ITU-T における技術標準化作業や，3GPP/3GPP2 で策定された IMS 技術の ITU-T における技術標準化作業において，このような事例が発生している．

このような事例は，国際標準化機関で策定された仕様を，各国の国内仕様として適用する場合にも，数多く発生している．日本では，有線システムは TTC，無線システムは **ARIB** が，日本国内技術仕様の策定を行う．日本国内の技術仕様の策定の際には，国内の市場環境にあったものにすることは，必要なことではあるが，グローバルな技術標準となることは，製品の国際競争力向上という観点からは，マイナスに作用することが，過去にいくつか存在している．このような現象は，国内市場規模が大きな場合に，発生する傾向にある．北米

や日本が典型例として挙げられるかもしれない．

　情報通信サービスを提供するプロバイダは，多くの場合，企業活動領域の大半が国内市場である．海外展開を行っているプロバイダも存在するが，その市場規模は，さほど大きくないのが実情である．次に，情報コンテンツの配信と販売を行うビジネスは，コンテンツの購入元と販売先の国内の割合が極端に大きくはなく，海外市場の割合がプロバイダに比べて大きくなっている．さらに，製品の開発と販売を行うベンダーの市場は，国内市場よりも海外市場の方が大きい場合がしばしば存在する．すなわち，製品の開発と販売を行うベンダーは，グローバルな技術仕様に基づいた製品の開発と展開・販売を行う方が，事業の展開のコストを低く抑えることができる．

　このような観点から，デ・ジュール標準組織とデ・ファクト標準組織への参加者を比較するのは，少々興味深いかもしれない．特に，ITU-T や ITU-R への参加組織は，各国の通信キャリアとなっている場合が多く，参加者はグローバル市場よりも国内市場での技術の最適化が，所属企業の利益となる．一方，デ・ファクト標準組織の活動は，プロバイダよりもむしろ，ベンダーが主導的に行う場合が多く，したがって，可能な限り，国に依存しないグローバルな技術標準の策定が，所属企業の利益となる場合が多い．

12章の問題

☐ **1** 製品やシステムのオープン化に対する，その「提供者」と「利用者」のそれぞれにとっての利点と欠点列挙しなさい．

☐ **2** 「個人情報保護法」の本来の趣旨と，運用上の違いを整理しなさい．法の精神と運用が乖離している状況を改善する手法を提案しなさい．

☐ **3** IETF，ITU-T，IEEE，ISO における技術標準化が進められている技術項目を調査しなさい．

☐ **4** 異なる三つの国を選択し，無線周波数の割り当て情報を比較しなさい．

☐ **5** 地上波アナログテレビ放送方式は，NTSC 方式と PAL 方式の二つが存在する．それぞれの方式を採用している国の GDP の総和を比較しなさい．

13 システムの設定と運用管理

本章では，TCP/IP 技術を用いたコンピュータシステムをインターネットに接続させるために必要な設定，ネットワーク管理およびトラブルシュートに関する概要と具体的手法を習得する．

13章で学ぶキーワード
- システム設計
- トラブルシュート
- サーバ設定
- セキュリティ
- 診断機能

13.1 システム設定

13.1.1 IPアドレスの取得

IPアドレスは，ISPから割り当ててもらう方法と，JPNICやAPNICのようなIPアドレス割り当て組織から直接取得する方法の二つがある．

IPアドレスの取得と同様に，**ドメイン名**の取得も重要な仕事である．これまで，日本におけるドメイン名（jpドメイン）の登録は**JPNIC**が行ってきたが，2001年4月より**JPRS** (http://jprs.jp) が行っている．ドメイン名の取得は，基本的に早い者勝ちで，既に取得登録されているドメイン名であるかどうかは，"**whois**" コマンドを使ってチェックするか，あるいはJPRSのホームページなどで検索することができる．ドメイン名の取得は，IPアドレスの取得と同様に，直接申請とISPなどによる代理申請が可能である．

13.1.2 ネットワークインタフェースの設定

IPアドレスは，ホストに割り当てられるのではなく，ホストが持つネットワークインタフェースに割り当てられる．したがって，IPアドレスの設定にはインタフェースを指定する必要がある．ルータ装置のように，一つのノードが複数のインタフェースをもつのであれば，複数のIPアドレスを割り当てる必要がある．IPアドレスの設定は，"**ifconfig**" というコマンドを使用する．設定にあたっては，インタフェース名，IPアドレス，**ネットマスク**の情報が必要となる．

また，設定内容は，ifconfig（マイクロソフトWindowsでは**ipconfig**に対応）や**netstat**コマンドを使って確認することができる．

13.1.3 DHCPサーバの設定

常時電源が投入されないコンピュータや，ノートブックコンピュータなど移動するコンピュータに対して，コンピュータをネットワークに接続するときに，必要な情報を提供するサーバである．ディスクレスホストを動作させるために定義されたBOOTPと呼ばれるプロトコルをもとにしており，IPアドレス，ネットマスク，デフォルトゲートウェイ，DNSサーバのIPアドレス，ドメイン名，MTUなどの情報を，サーバからクライアントに通知することができる．なお，マイクロソフトWindowsなどのクライアントでは，TCP/IP設定でIP

13.1 システム設定

```
yama@mtest3: {208} netstat -rn -f inet
Routing tables

Internet:
Destination        Gateway           Flags    Refs     Use    Netif
127.0.0.1          127.0.0.1         UH       0        42     lo0
192.168.0.2        192.168.22.13     UGH1     0        0      vlan22
192.168.0.3        192.168.0.3       UH       0        0      lo1
192.168.0.12       192.168.22.13     UGH1     0        0      vlan22
192.168.0.13       192.168.22.13     UGH1     0        0      vlan22
192.168.0.15       192.168.22.13     UGH1     0        0      vlan22
192.168.0.16       192.168.22.13     UGH1     0        0      vlan22
192.168.0.17       192.168.22.13     UGH1     0        0      vlan22
192.168.12         192.168.22.13     UG1c     0        0      vlan22
192.168.14         192.168.22.13     UG1c     0        0      vlan22
192.168.16         192.168.22.13     UG1c     0        0      vlan22
192.168.18         192.168.22.13     UG1c     0        0      vlan22
192.168.20         192.168.22.13     UG1c     0        0      vlan22
192.168.21         192.168.22.13     UG1c     0        0      vlan22
192.168.22         link#9            UC       1        0      vlan22
192.168.23         192.168.22.13     UG1c     0        0      vlan22
192.168.200        192.168.22.13     UG1c     0        0      vlan22
```

図 **13-1** netstat の出力例

C:¥Home¥hiroshi> ipconfig /all

Windows IP 構成

Wireless LAN adapter ワイヤレス ネットワーク接続：

```
接続固有の DNS サフィックス . . . :
説明 . . . . . . . . . . . . . . . : Atheros Wireless Network Adapter
物理アドレス . . . . . . . . . . . : 00-19-7D-39-63-D1
DHCP 有効 . . . . . . . . . . . . : はい
自動構成有効 . . . . . . . . . . . : はい
IPv6 アドレス . . . . . . . . . . . : 2001:200:180:1102:4c31:5a6d:6efb:3c84 (優先)
一時 IPv6 アドレス . . . . . . . . : 2001:200:180:1102:ad45:90f5:7a6f:6042 (優先)
リンクローカル IPv6 アドレス . . . : fe80::4c31:5a6d:6efb:3c84%9 (優先)
IPv4 アドレス . . . . . . . . . . . : 157.82.5.73 (優先)
サブネット マスク . . . . . . . . : 255.255.252.0
リース取得 . . . . . . . . . . . . : 2007 年 4 月 18 日 14:49:39
リースの有効期限 . . . . . . . . : 2007 年 4 月 18 日 16:49:38
デフォルト ゲートウェイ . . . . . : fe80::204:9bff:fe90:3000%9
                                    157.82.4.1
DHCP サーバ . . . . . . . . . . . : 157.82.5.1
DHCPv6 IAID . . . . . . . . . . . : 151001469
DNS サーバ . . . . . . . . . . . . : 133.11.23.111
NetBIOS over TCP/IP . . . . . . . : 有効
```

図 **13-2** ipconfig の出力例

アドレスの取得方法を DHCP に設定する．

13.1.4 経路制御の設定

経路制御の設定によって，ネットワーク機器の障害発生時の接続性の確保は大きく影響を受ける．しかし，複雑な設定を行うとネットワークの挙動を把握することができなくなってしまい，かえってシステムを不安定にしてしまうこともあるので注意が必要である．一般的に，小規模な事業所や企業においては，複雑な動的ルーティングを動作させる必要はなく，**デフォルトルーティング**と**静的ルーティング**や，簡単な設定で動作する**動的ルーティング**で十分な場合が多い．しかし，複雑で大規模なネットワークにおいて，経路制御を良好にかつ正確に動作せるには，高いスキルと知識が必要となる．たとえば，インターネットへの接続および他事業所との接続品質を向上させる目的で，複数の ISP や複数の専用線を利用する場合には，動的ルーティングの適用や，**マルチホーム**経路制御技術の適用が必要となる．

(1) デフォルトルーティング

自分自身（ループバック）のインタフェースの IP アドレスとデフォルトゲートウェイの IP アドレスを設定するだけで十分である．

(2) 静的ルーティング

UNIX 系のシステムでは，**route** コマンドを用いて設定を行うことができる．設定すべき項目は，宛先 (destination) と，それに対応する次ホップルータの IP アドレスである．

(3) 動的ルーティング

ネットワークの接続状況（トポロジー情報と回線や機器の負荷情報）を動的に把握し，状況に応じて最適の経路を選択するためのルーティングプロトコルである．動的ルーティングの具体的な方式としては，RIP, OSPF および BGP が挙げられる．RIP は UNIX 系のシステムでは "**routed**" コマンドで RIP のデーモンを動作させることができる．また，これらの三つのルーティングプロトコルを一つのプログラムで動作実行する "**gated**" も準備されている．

13.1.5 DNS サーバの設定

小規模なネットワークでは，各コンピュータの**ホストテーブル**（/etc/hosts）に必要な IP アドレスとホスト名の対応テーブルを持てば十分である．しかし，ネットワークの規模が大きくなり，さらに，グローバルインターネットとの接続を行う場合には，DNS システムを動作させなければならない．

DNS システムにおいて利用されるソフトウェアとしては，**BIND**（Berkely Internet Name Domain）が挙げられる．DNS サーバ側では BIND name server (named) を動作させなければならない．DNS サーバには，ゾーンファイルが存在し，ホスト名と IP アドレスの対応表と DNS サーバの委譲/依存関係を示した情報が格納される．

以上のネットワークインタフェース，ゲートウェイおよび DNS システムの設定により，IP パケットが目的のコンピュータに配送されるようになる．

13.1.6 メールサーバの設定

クライアントからのメールの送信とインターネットからのメールの受信を行うのは **sendmail** があり，メールサーバからクライアントへのメールの送信には，POP や IMAP が使われる．sendmail は，http://www.sendmail.org/ から最新のものを取得することができる．

13.1.7 Web/FTP サーバの設定

Web サーバ用のフリーソフトウェアとしては，Apache が広く使われており，http://www.apache.org/ から最新バージョンをダウンロードすることができる．

また，Web サーバにコンテンツをアップロードできるようにするためには，**FTP** サーバもインストールする必要がある．FTP サービスには，不特定多数のユーザに対するサービスと，ユーザごとのサービス（特別な設定ファイルは不要）とがあるが，外部からのアクセスを認めるとパスワードが盗み見られたり，コンテンツが改竄されたりするなど，サイト全体が危険にさらされるので，内部からのみアクセスできるようアクセス権の設定には注意を払わなければならない．

13.1.8 セキュリティ機能の設定

ネットワークセキュリティーとしては，以下のような項目が基本設定として

要求される．

(1) ユーザの**認証**（**パスワード管理**）

想像しにくいパスワードや，あるいは，使い捨てパスワード（OTP；One Time Password）を利用する．

(2) **ファイルの保護**

マルチユーザ型の OS では，通常三つのレベルの**アクセス権**（root, group, user）が存在するので，適切なアクセス権の管理を行わなければならない．特に，すべてのファイルの作成変更削除が行えるルート（root）権限でのアクセスには十分な注意を払わなければならない．

(3) 安全な**遠隔アクセス**の方法

公開鍵暗号方式を用いた Secure Shell (**ssh**) および DNS の逆引きによるクライアントホストのチェック機能を有効にする．ssh は，sshd (secure shell daemon) の動作を行い，鍵情報をに格納する．鍵ファイルの生成には，ssh-keygen コマンドを用いる．ssh を用いることで，すべての情報が公開鍵暗号方式を用いて暗号化され，安全なデータ通信が可能となる．また，ssh のみを動作させ，ftp サービスおよび POP/IMAP サービスは行わない構成もシステムの安全性を向上させることに貢献する．

(4) サーバへの**アクセス制御**

サーバへのアクセスは必要なものだけにするために /etc/inetd.conf ファイルの中で，**TCP Wrapper**（例：/usr/etc/ftpd を /usr/sbin/tcpd に変更）を設定することによって，サービスごとにアクセスを許可することができる．設定にあたっては，まず /etc/hosts.deny によってすべてのアクセスを禁止した上で，/etc/host.allow で許可を与えることが必要である．

また，最近では，IPSec を用いた，ノード間での相互認証を行うことで，サーバへのアクセス制御も行われるようになってきている．

(5) **ファイアウォール**の設定

ファイアウォールには，**パケットフィルタリング型**と**アプリケーションゲートウェイ**（**プロキシサーバ**）型の2種類がある．パケットフィルタリ

ングでは，IP パケットが持つ，IP アドレスとポート番号の情報をもとに，許可された IP パケットのみの通過を許可する．DMZ セグメントにおいては，IP パケットの転送先を，IP パケットの送信元アドレスと宛先アドレスの組によるフィルタリングを行い，DMZ 上のサーバを経由せずに，インターネット上のノードとキャンパスネットワーク内のノードとが直接データ通信を行わないようにすべての IP パケットの検査を行う．

アプリケーションゲートウェイ (プロキシサーバ) は，サービスごとに，本来サービスを受けるノードにかわりデータ通信・中継を行う．電子メール，Web アクセスが典型的なアプリケーションである．

13.2 ネットワーク管理システム

構築したシステムを安定に動作させるためには，トラフィックの増加や障害の発生を適切に監視しなければならない．

13.2.1 ネットワーク管理の役割

ネットワークシステムの運用にあたっては，サービス停止を伴うような障害に対するすみやかな対応と復旧が実行されなければならない．また，障害が発生していないときでも，システムの状態管理や，不正アクセスの監視，あるいは，セキュリティホールへの対応のためのソフトウェアアップデートなどの対応を行わなければならない．

ネットワーク機器およびネットワークの運用状態を監視することをネットワーク管理システムと呼ぶ．多数のクライアントやサーバ，ネットワークセグメントから構成され，しかも遠隔地に離れた複数の事業所もしくはサイトに分散した大規模なシステムでは，ネットワーク管理システムの導入は不可欠なものである．

ネットワーク管理システムには，(1) 構成管理 (ネットワーク機器，サーバ，インタフェース，サービスなどの情報をデータベースとして統合的に管理する)，(2) 性能管理 (ネットワーク上のトラフィック，エラーの発生数，パケット損失数などの情報を収集し，ネットワーク全体の性能を管理する)，(3) 障害管理 (ネットワークや機器での障害発生を検知し，障害処置のための情報を提供する)，(4) 課金管理 (ネットワーク内の資源の利用状況をユーザごとに記録し管理する)，(5) 機密管理 (不正なアクセスや侵入の監視と，権限を越えたアクセスを制御する) からなる5つの機能がある．

13.2.2 ネットワーク管理システムの構成

インターネットシステムにおいて，最も広く利用されているネットワーク管理用プロトコルとしては，**SNMP** (Simple Network Management Protocol) が挙げられる．SNMP は，構成管理，性能管理および障害管理を網羅しており，RFC1157 にその基本アーキテクチャが記述されている．ネットワーク管理システムは，管理を行う SNMP マネージャと，管理対象となる機器 (IP アドレスが付与されている機器) に実装される SNMP エージェントと管理情報ベース

(**MIB**；Management Information Base) を基本構成要素としている．

MIB で定義される管理対象は，ツリー構造をなすオブジェクト識別子 (OID；Object Identifier) によって，グローバルに一意な名前と数字を用いて識別可能である．なお，このツリー構造は，ISO や ITU-T に共通した枠組みとなっている．なお，MIB には標準 MIB と私的 MIB が存在する．標準 MIB は，通常すべてのネットワーク機器で定義されている MIB である．一方，私的 MIB では，各ベンダーが独自の MIB (たとえば，CPU の負荷率やインタフェースで溢れたパケット数など) を自由に定義することもできる．これら私的 MIB の，OID は ".iso.org.dod.internet.private.enterprise" (enterprise はベンダー名) 下に配置され，**IANA** (Internet Assigned Numbers Authority) に登録し公開することができる．

SNMP マネージャと SNMP エージェントとの間の通信方法には，ポーリング方式 (マネージャが要求し，エージェントが応える) と，トラップ方式 (障害発生などをエージェントがマネージャに通知する) とがある．さらに前者の中には，情報取得を要求する GetRequest と，ネットワーク機器の設定を変更する SetRequest などがある．

SNMP マネージャが取得したパケット数 (トラフィック) の統計情報をグラフ化するツールとしては，MRTG と呼ばれるソフトウェアが広く利用されている．

13.3 トラブルシューティング

　ネットワークに障害が発生した場合には，迅速にその障害箇所とその原因を特定し，問題を解決しなければならない．このような作業をトラブルシューティングと呼ぶ．コンピュータシステムはさまざまな機器やソフトウェアあるいはケーブルなどから構成され，しかもその上に数多くのシステム設定やアクセス制御が行われている複雑な構造となっているため，トラブルシュートにあたっては，先入観にとらわれることなく，広い角度から体系立ったアプローチが必要である．コンピュータシステムの障害によるサービスの停止や，セキュリティ上の問題や障害は，組織における活動・業務への営業においてますます深刻化してきており，きわめて迅速な対応が要求されるようになってきている．今日では，障害発生時に，迅速で臨機応変な対応行う組織である **CERT** (Computer Emergency Response Team) を各組織に設置しなければならない．

13.3.1　トラブルシュートのプロセス

　トラブルシュートにおいては，まず第一に，事実に基づいた詳細な情報を収集し，状況を正確に把握することである．収集する情報は，障害の症状，場所，時刻，障害が起きたときの操作内容とアプリケーション，周辺での類似障害の発生の有無，さらにエラーなどのログ記録である．次いで，収集した情報に基づいて障害が再現するかを調べる．再現するならば障害に至る操作や条件を入念に記録する．また，周辺でも類似障害が発生している場合や，別の環境でも障害が再現する場合は，ネットワークに関わる問題の可能性が高い．

　ネットワークに関わる問題が疑わしくなれば，まず通信可能な範囲の特定を行う．同一ハブ内で通信できるか，ルータを介して通信ができるか，インターネットへの通信ができるかなど，探索範囲を順次広げていくことによって，通信可能な範囲を明らかにしていく．次いで，特定のアプリケーションに依存するか，すべてのアプリケーションに共通して障害が発生するかを調べる．これらの障害範囲の特定作業を通して，障害の発生源に接近することになる．

　障害の発生源に接近したところで，後述のコマンド (UNIX系) や種々の診断ツールを使って問題の切り分け作業を行い，障害源を特定する．なお，電源電圧の低下やコネクタの接触不良によって動作が不安定になるなど，単純な原因

によって複雑な障害を起こしているケースが少なくないことは留意すべきである．障害を起こしているハードウェアを交換したり，システム設定内容を修正したり，あるいは安定化電源を入れたりするなど，障害の原因を取り除き復旧を行う．正常に動作するか確認テストを行うが，復旧作業によって他に悪影響を与えていないことを確認することも重要である．

システム管理者は，類似の障害が発生する恐れがある場合には，障害の再発防止策をまとめ，Webなどで利用者や部門担当者に周知するよう努めるべきである．

13.3.2 診断ツール

ハードウェア上の問題，特にケーブルの問題を特定するには，ケーブルテスタを用いる．その他の問題に関しては，ノートブックパソコンを用いた診断が有効である．トラブルシュートに頻繁に利用されるコマンドを以下に示した．

(1) **ping**：接続性の確認

pingコマンドは，IP層での接続性を調べる上で最も基本的なツールである．ホストを指定してpingコマンドを投入し，"unknown host"が返ってきたときはDNSに問題があることが多く，その場合には後述するnslookupやdigを使って調べる．また，"network unreachable"は経路制御の問題であることが多く，詳細は **traceroute** や **netstat** を用いて調べる．さらに，応答がなかったときは，経路制御あるいはインタフェース設定の問題の可能性があり，この場合には，traceroute, netstat, **ifconfig** を使って調べると効果的である．

```
C:\Home\hiroshi> ping www.v6pc.jp

www.v6pc.jp [2001:380:62c:20:122:1:4:51] に ping を送信しています

2001:200:180:1102:ad45:90f5:7a6f:6042 から 32 バイトのデータ:
2001:380:62c:20:122:1:4:51 からの応答: 時間 =19ms
2001:380:62c:20:122:1:4:51 からの応答: 時間 =10ms
2001:380:62c:20:122:1:4:51 からの応答: 時間 =9ms
2001:380:62c:20:122:1:4:51 からの応答: 時間 =16ms

2001:380:62c:20:122:1:4:51 の ping 統計:
    パケット数: 送信 = 4，受信 = 4，損失 = 0 (0% の損失)，
ラウンド トリップの概算時間 (ミリ秒):
    最小 = 9ms, 最大 = 19ms, 平均 = 13ms
```

図 **13-3** pingの出力例

(2) **arp**：MAC アドレスと IP アドレスの対応関係の確認

arp コマンドを用いて，ARP テーブルの確認と操作を行うことができる．操作は，arp -d [host_name] および arp -s [host_name] [MAC_address] である．

(3) **ifconfig**：インタフェース設定の確認

ifconfig コマンド（マイクロソフト ウィンドウズでは **ipconfig**）を用いて，ネットワークインタフェースの設定と状態の確認を行うことができる．なお，シスコ製のルータでは，show interface コマンドでインタフェースの状態を確認することができる．

(4) **netstat**：衝突発生の確認，経路制御表の確認

netstat コマンドを用いて，インタフェースごとの送受信パケット数，エラーパケット数，衝突パケット数などの情報を取得することができる．さらに，-rn オプションを用いることで，経路制御から生成される経路表の確認を行うことも可能である．

(5) **traceroute**：転送経路の確認

traceroute コマンドを用いて，目的のノードまでの経路と各ホップにおける遅延時間を知ることができる．traceroute により，ループの検出や経路制御的には問題ないが，接続性が失われているリンクの特定などが可能となる．

```
C:\Home\hiroshi> tracert www.v6pc.jp
www.v6pc.jp [2001:380:62c:20:122:1:4:51] へのルートをトレースしています
経由するホップ数は最大 30 です：

  1   3 ms    3 ms     *      2001:200:180:1102::1
  2    *      1 ms    1 ms    ra37.nc.u-tokyo.ac.jp [2001:200:180:3::1]
  3    *      3 ms    8 ms    foundry3.nezu.wide.ad.jp [2001:200:180:560::2]
  4   8 ms    *       8 ms    hitachi1.otemachi.wide.ad.jp [2001:200:0:1c04:240:66ff:fe10:cba9]
  5   7 ms    *      12 ms    AS2914.nspixp6.net.wide.ad.jp [2001:200:0:1800::2914:1]
  6  12 ms   5 ms    6 ms    ge-7-0-0.a20.tokyjp01.jp.ra.gin.ntt.net [2001:218:2000:3002::21]
  7  12 ms   5 ms    3 ms    ae-0-1.a20.tokyjp01.jp.ra.gin.ntt.net [2001:218:2000:5000::4a]
  8   9 ms   8 ms    2 ms    2001:380:8010:11::1
  9   7 ms  14 ms    3 ms    2001:380:8010:e::1
 10   4 ms   2 ms   15 ms    2001:380:8010:1b::2
 11    *    30 ms    3 ms    2001:380:8070:3::3
 12  18 ms  11 ms    9 ms    2001:380:62c:40::1
 13   7 ms   6 ms    8 ms    www.v6pc.jp [2001:380:62c:20:122:1:4:51]  トレースを完了しました．
```

図 **13-4** tracert の出力例

(6) **nslookup**, **dig**：DNSの動作確認

　nslookupコマンドを用いて，DNSサーバに対して名前解決の要求を送信すると，ホスト名からIPアドレスが検索され，その結果が表示される．DNSサーバが正常に動作しているかを診断する上でも有効なコマンドである．

　なお，DNSサーバのより詳細な情報を得るコマンドとして，他にdigコマンドが用意されている．

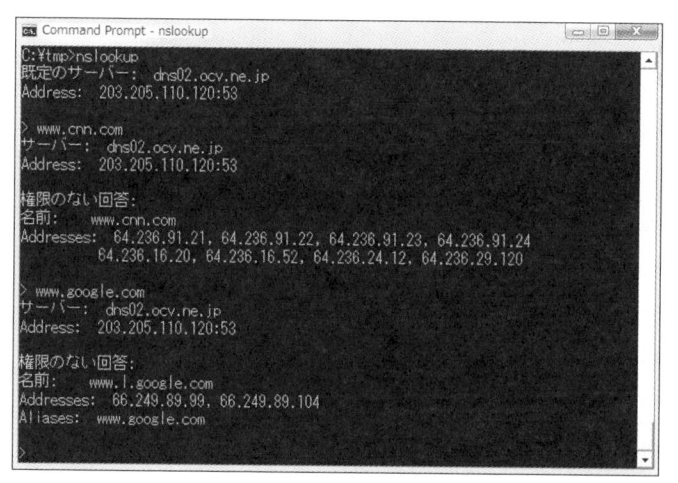

図 13-5　nslookupの出力例

(7) **tcpdump**：パケットの監視

　Van Jacobson氏らが，BSD **Packet Filter** を用いて実装した診断ツールである．さまざまなフィルタをコマンドの引数やオプションとして指定することができる．たとえば，特定のポート番号やIPアドレスを含むIPパケットのみを監視など，ネットワーク障害のトラブルシュートにきわめて有効なツールである．なお，tcpdumpは，トラブルシュート以外に，製品開発フェーズにおいても，頻繁に利用されるツールである．tcpdumpを利用することで，実際に情報通信機器に接続されたネットワークインタフェースから送信されるIPパケットの情報を全て監視することができるので，この情報をもとに，ネットワーク関係のソフトウェアのデバッギングが行われることが非常に多い．

13章の問題

☐ **1** 自身のパーソナルコンピュータのネットワークインタフェースの設定状態を ifconfig/ipconfig コマンドを用いて 表示させた結果を報告しなさい.

☐ **2** 北米，南米，アジア，欧州，アフリカに存在する組織をそれぞれ選び，ping と traceroute の両方を異なる二つの接続ポイント実行し，その結果を報告しなさい.

☐ **3** nslookup コマンドを用いて，大規模サイトと思われるサイトを三つ，小規模サイト二つに対する結果を報告しなさい.

☐ **4** arp コマンドを用いて，自身のパソコンが接続されたネットワーク（リンク）に対する ARP テーブルの結果を報告しなさい.

☐ **5** tcpdump 実行させた結果を報告しなさい．必要に応じて，必要なソフトウェアのインストールを行うこと．

用語の定義と説明

誤り制御

通信経路上では，さまざまな理由によって，データが誤った値に変化したりあるいはデータの塊であるパケットが紛失してしまう場合がある．誤りやデータの紛失に対しては，正しいデータに回復しなければならない場合が多い．誤り制御は，このようなデータ通信に誤り/紛失に対して施す制御を指す．

インシデント (Incident)

「重大事件に発展する可能性と危険性を持つ事件」である．セキュリティにおける事故あるいは事件を一般的に指す．

インスタンス (Instance)

通信を行う「実体」である．もともとは，情報科学あるいは計算機科学の用語である．ディジタル通信を行う実体は，物理的な実体のみならず，ソフトウェアモジュールやプロセスあるいはスレッドなど物理的実体を伴わないものも含む．

ウィンドウ制御

高速で広帯域なデータ通信を行うためには，投機的に送信したデータの受信確認を行うことなくデータの送信を行わなければ与えられた通信帯域を十分に使いこなすことができない．この問題を解決する手法がウィンドウ制御である．

オーバレイモデル

物理層およびデータリンク層のトポロジーに関係なく，上位層には異なるより自由度の高いネットワークトポロジーを提供するネットワークモデル．

オープンシステム

ソフトウェアおよびハードウェアとの間で交換されるデータのフォーマットや通信規約のインタフェースを公開することによって，さまざまのベンダーとの相互接続を実現可能とするシステム．

ガバナンス

「統治」と訳される．企業や国家など，組織をどのように管理し，良好に機能するように方向性を決めたり規則を策定したりすることを指す．

キャッシュ (Cache)

使用頻度の高いデータを高速にアクセス可能な記憶装置に置き，いちいち低速あるいはアクセス遅延の大きな装置から読み出す無駄や非効率を避けるシステム．

クライアント・サーバ

分散コンピューティングアーキテクチャで，プリンタや大容量記憶サーバなどのハードウェア資源や，アプリケーションソフトウェアやデータベースなどの情報資源を集中管理するサーバを設置し，一般利用者はサーバが管理する資源をクライアントコンピュータを用いて利用するシステム．

ゲートウェイ

通信媒体や通信プロトコルが異なるデータを変換し，相互に通信可能にする通信装置．

コモンズ (Commons)

「村や町の共有地や公有地」を意味する．ネットワーク工学においては，誰もが自由に通信機器をネットワークに接続し通信を行うことが保証されなければならない（これをネットワークの中立性という）．このような観点から，ネットワークは，コモンズとしての性格を持ったシステムである．

スケールフリー

システムの規模や大きさに依存せずに，その動作や法則を記述可能な性質を指す．

用語の定義と説明

多重化

複数のユーザを共有する資源に収容して共用すること．

シグナリング

直訳すれば「信号」となるが，ネットワークにおいては「制御信号」と解釈すべきである．情報機器や情報システムを制御するための信号やメッセージ．

ソケット

TCP/IPを用いた通信を行う通信チャネルとデータの入り口と出口を指す．ソケットは，ネットワーク内の住所に相当するIPアドレスとアプリケーションごとに割り当てられるポート番号の組み合わせで表現される．

ソフトステート

ハードステートと対をなす概念である．通信装置は通知なく障害状態になることを想定して，常に，通信装置間で共有すべき「状態（＝ステート/State）」をリフレッシュすることによって管理するシステム

ディレクトリサービス

計算機が利用しやすい情報と人間が理解しやすい情報の変換サービス．広義のディレクトリサービスを実現するためには，情報の登録所（レジストリ）と情報の貯蔵庫（レポジトリ）が必要となる．

同期

同じ状態になること．ネットワークにおいては，周期やタイミングあるいはシステムのデータが整合性を持った状態になることを意味する．

トポロジー

ネットワーク機器のような通信インスタンスが，どのような形態で接続されているかを表す言葉．代表的なトポロジーとしては，スター（星）型，バス型，リング（輪）型などが挙げられる．

ドメイン名

インターネット上に存在するネットワークやコンピュータを識別するために付けられる名前．階層構造を持ち，世界中で唯一の名前が割り当てられるように管理されている．

ノード

コンピュータネットワークを構成する一つ一つの装置を指す．ノードとノードを接続する線をリンクと呼ぶ．

ハッシュ

ディジタルデータの列を，ある計算規則を適用し，ハッシュ値という整数値に変換する．ハッシュは，データ検索アルゴリズムとして用いられたり，データの整合性の確認に用いられたりする．

ハンドオーバ

移動通信において，移動端末が利用する基地局を切り替える動作のこと．

ピア・ツー・ピア

接続されるコンピュータの間に，クライアントとサーバという区別が存在しないネットワークの形態で，すべてのコンピュータが，クライアントとしてもサーバとしても動作する．

ピアモデル

ネットワーク層で管理されるトポロジーと，物理/データリンク層で管理されるトポロジーが同一であるようなシステム．

プロトコル

語源は，外交上の礼儀/典礼，あるいは国家間での協定である．ネットワークにおいては，通信を行うためのルール (規定) を意味する．

フロー制御

通信インスタンスの間で，良好にデータの交換が行われるように，データの通信速度や通信間隔などを制御すること．

ベストエフォート

「最大限の努力」と訳される．通常，「保証 (Guarantee) 型」サービスの対となる概念として引用される．最大限の努力をしてサービスを提供するため，データの廃棄が行われることがあるが，システムとしてのサービス品質や障害への耐性においては「保証型」サービスよりも優れるとみることもできる．

変調

アナログの搬送波（キャリア）にディジタル信号を重畳させて転送する手法．逆に，アナログの搬送波からディジタル信号を抽出することを復調と呼ぶ．

ポートフォリオ (portfolio)

もともと，有価証券の一覧表を意味していた．特定の1部の収支をみるのではなく，全体の収支状態をみること．ローカルな最適化は，必ずしも全体の最適化にはならないことが多い．

ホスト

パケットの中継動作を行わないノード．

マークアップ言語

文書の1部を「タグ」と呼ぶ制御文字で挟むことで，文書の構造（見出しやハイパーリンク）や文字の修飾情報（フォントサイズやフォントの種類）を文章中に記述することを可能にした文書技術言語．

リダイレクト (Redirect)

プログラムの入力元や出力先を通常とは異なるものに変更すること．ネットワークにおいては，パケットの転送先を通常とは異なる装置に変更することを意味する．

リバースキャッシュ

人気のある情報（コンテンツ）は，あらかじめ，キャッシュメモリに転送しておく動作．キャッシュは，アクセス要求が発生したときにのみ，参照されたデータをキャッシュに置く．

ルータ
パケットの中継動作を行うノード．

層構造
データ処理と通信プロトコルに上下関係を定義し，その間でのインタフェースを規定/定義したオープンシステム．

ローミング
ユーザが契約している通信事業者のサービスを，その通信業者のサービス範囲外でも利用可能にするために，他の通信事業者と提携を行い，提供通信業者の通信設備を利用してサービスを受けることが可能にすること．

CDN (Contents Distribution Network)
さまざまなコンテンツを広域に効率的に配信するために構築された仮想的なネットワーク．ミラーサーバやキャッシュサーバなどを配置し，効率的なコンテンツ配信を実現する．

DNS (Domain Name System)
ドメイン名 から 該当する IP アドレスを解決するためにグローバル規模で展開された分散型ディレクトリシステム．

FQDN (Fully Qualified Domain Name)
TCP/IP を用いたインターネット上で，ドメイン名，サブドメイン名，ホスト名などを省略せずに，すべてを表現した記述形式．

SAP (サービスアクセスポイント)
ネットワークシステムにおいて，サービスを提供するために定義されるインタフェイスポイント．

索引

ア行

アウトバンドシグナリング　31, 101
アカウンティング　178
アクセス権　220
アクセス制御　120, 220
アグリゲータ　183
アドレス解決　65
アドレス処理　49
アドレス発見　66
アプリケーションゲートウェイ
　197, 220
誤り制御　229
誤り訂正方式　122
誤りのない複製/伝達　5
暗号化　198
位相変調　112
インシデント　194, 229
インスタンス　229
インターネット　14, 39
インターネットVPN　188
インターネット電話　133
インタラクティブデータ　77
インバンドシグナリング　31, 101
ウィンドウ拡大オプション　83
ウィンドウサイズ　78
ウィンドウ制御　229
運命の資源共有　15
エニキャスト　94
遠隔アクセス　220
エンドツーエンドアーキテクチャ　17
エンドツーエンドアーキテクチャ型
　29
オーバーフロー　77
オーバレイシステム　32, 173
オーバレイモデル　31, 229
オープンシステム　16, 19, 230
オンディマンド　27

カ行

回帰的　40
階層化　40
課金　178
確認応答番号　75
仮想的な線　31
仮想メモリ　28
ガバナンス　203, 230
カプセル化　64
管理制御プロトコル　56
技術標準化　208
逆引き　93
キャッシュ　43, 152, 157, 172, 230
キャッシュサーバ　28
キャッシュミス　28
共通鍵暗号方式　198
共有ツリー　61
空間多重　117
クライアント　24

索　引

クライアント・サーバ　24, 26, 230
クライアント・サーバシステム　162
クラッカー　196
クロスメディア　136
経路制御　57
ゲートウェイ　30, 230
ゲートウェイ型　29
ゲートウェイモデル　30
言語　4
呼　32
公開鍵暗号方式　198, 220
国際電気通信連合　209
国際電気標準会議　210
国際標準化機構　210
固定スロット割り当て方式　120
コネクション　34
コネクション管理　72
コネクションレス　34
コモンズ　18, 205, 230
コンテンション方式　120

サ　行

サーバ　24
再送制御　81
最大限の努力（＝ベストエフォート（Best Effort））　14
サブネッティング　52
サンプリング周期　10
シークエンス番号　75
時空間多重　117
シグナリング　31, 101, 106, 231
システム設定　216
シャノン（Shannon）のサンプリング定理　10
周波数分割多重　117
受動オープン　74
証明書発行局　200
処理負荷の分散　42

自律的誤り訂正　5
振幅変調　112
垂直分散　43
水平分散　42
スケールフリー　3, 40, 230
ストリームオリエンティッド　72
スペクトル拡散　114
スライディングウィンドウ　78
スロースタート　78
静的経路制御　57
静的ルーティング　218
正引き　92
セキュリティ　219
セキュリティパッチ　195
選択再送　82
層構造　234
送達確認　75
ソースツリー　61
ソケット　231
ソフトスイッチ　102
ソフトステート　35, 231

タ　行

帯域変調　112
大規模Web　151
ダイクストラ　59
ダイジェスト　200
ダイヤルアップ　188
ダイヤルイン　179
タグ　149
多言語　129
多言語ドメイン名　94
多重化　231
多重化方式　117
端末　16
着歌　8
直交振幅変調　112
通信インスタンス　2

索　引

通信プロトコル　2
通信方式　13
使い捨てパスワード　127
ディジタル証明　200
ディジタル化　4
ディレクトリサービス　92, 231
デフォルト経路制御　57
デフォルトルーティング　218
データリンク　110
デ・ジュール標準　208
デ・ファクト標準　209
電気通信標準化部門　210
電子メール　126
伝送方式　112
電話　14, 39
同期　231
同期方式　116
動的経路制御　57
動的ルーティング　218
透明なネットワーク　24
トポロジー　231
ドメインネームシステム　92
ドメイン名　93, 216, 232
トラフィックエンジニアリング　104
トラブルシューティング　224
トランズアクション TCP　84
トランスペアレントネットワーク　24
トランスポート　70
トリプル A　178

ナ　行

認可　178
認証　178, 198
ネットニュース　132
ネットマスク　51, 216
ネットワークインタフェース　48, 216
ネットワーク層　48
ネットワークの中立性　206

ネットワーク部　51
能動オープン　74
ノード　3, 232

ハ　行

ハードステート　35
媒体に非依存　6
バイナリファイル　130
ハイパーテキスト　141
ハイパーリンク　141
パケットフィルタリング　197, 220
パス MTU 検索　83
パスベクトル　60
パスワード管理　220
ハッカー　196
ハッシュ　170, 232
ハッシュ関数　200
バルクデータ転送　78
半クローズ　75
搬送波　112
ハンドオーバ　191, 232
ピア・ツー・ピア　17, 24, 28, 173, 232
ピア・ツー・ピアシステム　162
ピアモデル　31, 32, 232
ビット同期　116
非同期 (調歩) 方式　116
ファイアウォール　197, 220
ファイルの保護　220
符合空間多重　117
プッシュ型　27
プライベート IP アドレス　62
フラグメント処理　49
フラッディング　61
プル型　27
フレーム伝送制御　123
プレゼンス　99
フロー制御　77, 232
プロキシサーバ　43, 220

索引

ハ行（続き）

ブログ　135
ブロック同期　116
プロトコル　16, 18, 232
分散コンピューティング　26
閉域ネットワーク　187
ベースバンド　112
ベストエフォート　233
ベストエフォート型　34
変調　233
ポイントポイントリンク　121
放送　13, 38
ポータル　140
ポート番号　76
ポートフォリオ　194, 233
ホームエージェント　184
保証型　34
ホスト　233
ホストテーブル　219
ホスト部　51
ホスト名　93
ホップリミット　51
ポリシー制御　98

マ行

マークアップ言語　141, 147, 233
マルチキャスト　27, 60
マルチパス　114
マルチホーム　218
マルチリンク PPP　64
無線 LAN　183
無線通信部門　210
メインフレーム　25
メールサーバ　219
メディアアクセス制御　120
モデム　112
モバイル IP　183

ヤ行

ユニコード　96, 130

ラ行

リダイレクション　153
リダイレクト　233
リバースキャッシュ　28, 43, 172, 233
リンク　3
リンクステート　59
ルータ　234
ルーティングデーモン　55
ルートサーバ　94
レイヤ 2VPN　189
レイヤ 3VPN　189
レイヤ 7 スイッチ　154
レコード　96
ローミング　234
ローミングサービス　183

ワ行

ワンストップショッピング　140
ワンタイムパスワード　127

欧文・数字

3GPP　181, 211
3GPP2　181
3 ウェイハンドシェイク　72
AAA　178
ACK　75
Active Open　74
AH　67
AIN　181
Aliasing　153
API　70
APNIC　216
APOP　127
ARIB　212

索　引

ARP　65
arp　226
ARPANET　26
ARQ　122
AS　58
ASパス　60
Autonomous System　58
B-ISUP　102
BASE64　130
BBS　132
Bellman-Fordアルゴリズム　59
BGP　60
Billing　178
BIND　94, 219
Binding ACK　184
BISDN　102, 181
BMA　121
BOOTP　66
CA　200
ccTLD　94
CDM　117
CDN　28, 156, 164, 172, 234
CERN　141
CERT　224
CHAP　180
CoA　184
Code Red　195
Commons　18
Control-Plane　102
COPS　98
CRC　122
CSMA/CD　120
Data-Plane　102
DDDS　100
Default Routing　57
DHCP　66, 216
DHT　28, 170
Differentiated Service　85

DiffServ　85
dig　227
Dispatch　152
DNS　92, 94, 234
DNSサーバ　219
DSCP　85
DVMRP　61
Dynamic Routing　57
EGP　58
ENUM　100
ESP　67
Fast Recovery　82
Fast Retransmission　82
Fate Share　15, 35
FDM　117
FEC　122
FM　112
FMC　181
FQDN　92, 94, 234
Freenet　164, 169
Frequency Hopping　117
FTPサーバ　219
FWA　111
gated　218
GMPLS　102
Gnutella　164, 165
gTLD　94
H.323　133
HA　184
Half Close　75
HDLC　64
HDLC制御　123
HTML　141
HTTP　141
IANA　76, 212, 223
ICMP　56
IEC　210
IEEE　210

IETF 211	LLC 123
ifconfig 216, 225, 226	LSP 103, 189
IGMP 56	LSR 103
IGP 58	MAC 120
IKE 67	MBGP 61
IMAP 126	MED 60
IMS 102, 181	MIB 223
IntServ 85, 105	MIDI 8
Inverse MUX 64	MIME 129
IP 49	MIP 183, 189
IPC 70	Mosaic 141
ipconfig 216, 226	MOSPF 61
IPSec 67, 189	MPLS 103, 189
IPv4 49	MSDP 61
IPv6 49	MTU 83
IPアウトプットモジュール 55	MUA 126
IPアドレス 48, 216	named 94
IPインプットキュー 55	NAPTR 100
IPオプション 55	NAS 180
IP電話 99	NAT 62
IPトンネル 64	NBMA 121
IPバージョン4 49	NCP 180
IPバージョン6 49	NCSA 141
IRC 132	netstat 216, 225, 226
IS-IS 59	NIS 97
ISMバンド 111	nslookup 227
ISO 210	OFDM 114
ISO/IEC 210	OSIの参照モデル 16
ITU-R 210	OSPF 59
ITU-T 210	Packet Filter 227
JISコード 130	PAP 180
JPNIC 216	Passive Open 74
JPRS 216	Peer-to-Peer 28
Keep Alive 76	Persist Timer 76
L2TP 189	PIM 61
LAPB/LAPD 123	ping 225
LCP 180	POP 126, 178
LDAP 98	POS 64

PPOE　　180
PPP　　64, 179, 180
Protocol　　18
PSK　　112
QAM　　112
RADIUS　　179
RARP　　65
Redirect　　152
resolver　　94
RFC　　211
RIAA　　204
route コマンド　　218
routed　　218
Routing Protocol　　57
RS232-C　　112
RSA　　198
RSVP　　103, 104
RTCP　　88
RTO　　81
RTP　　86, 134
SAP　　234
Selective Repeat　　82
sendmail　　219
Single Point of Failure　　15, 35
SIP　　99, 133, 181
SKYPE　　168
SLIP　　180
SLP　　98
SMIL　　148
SMTP　　126
SNMP　　222
SNS　　134
SPAM　　131
SPF　　59
SRV　　100
ssh　　220
SSM　　62
SSNo7　　102

Static Routing　　57
SYN パケット　　74
TCP　　72
TCP/IP の参照モデル　　16
TCP Wrapper　　220
tcpdump　　227
TLD　　94
TLV　　51
traceroute　　225, 226
TTCP　　84
UDP　　86
URL　　144
URL 書き換え　　153
VoIP　　133
VPN　　67, 187
W3C　　142, 211
WAP　　148
WDM　　114
Web サーバ　　219
Web サービス　　140
Web ブラウザ　　145
whois　　216
WiFi　　111, 183
WinMX　　164
Winny　　164, 169, 207
Winsock　　70
WML　　148
WRC　　210
WWW　　140, 141
WWW コンソーシアム　　142
X.509　　200
XHTML　　148
XML　　148, 149
yp　　97
zone　　96

著者略歴

江崎　浩（えさき　ひろし）

1987 年　九州大学工学部電子工学科修士課程修了，同年4 月(株)東芝入社
1998 年　10 月東京大学大型計算機センター助教授
2001 年　4 月情報理工学系研究科助教授
2003 年　4 月より情報理工学系研究科教授，工学博士（東京大学）

専門：高速インターネットアーキテクチャ

新・情報/通信システム工学＝TKC-8
ネットワーク工学
── インターネットとディジタル技術の基礎 ──

2007 年 7 月 25 日 ©　　　　　　　　　初 版 発 行

著　者　江崎　浩　　　　　発行者　矢沢和俊
　　　　　　　　　　　　　印刷者　中澤貞雄
　　　　　　　　　　　　　製本者　石毛良治

【発行】　　　　株式会社　数理工学社
〒151-0051　東京都渋谷区千駄ヶ谷 1 丁目 3 番 25 号
☎(03) 5474-8661(代)　　　　サイエンスビル

【発売】　　　　株式会社　サイエンス社
〒151-0051　東京都渋谷区千駄ヶ谷 1 丁目 3 番 25 号
営業 ☎(03) 5474-8500(代)　　振替 00170-7-2387
FAX ☎(03) 5474-8900

　　　組版　イデア コラボレーションズ(株)
印刷　(株)シナノ　　製本　ブックアート

《検印省略》

本書の内容を無断で複写複製することは，著作者および出版者の権利を侵害することがありますので，その場合にはあらかじめ小社あて許諾をお求めください。

サイエンス社・数理工学社のホームページのご案内
http://www.saiensu.co.jp/
ご意見・ご要望は
suuri@saiensu.co.jp まで．

ISBN978-4-901683-46-3
PRINTED IN JAPAN

情報ネットワークの基礎
田坂修二著　２色刷・Ａ５・上製・本体2300円

コンピュータネットワーク入門
小口正人著　２色刷・Ａ５・上製・本体1950円
（サイエンス社発行）

ネットワーク利用の基礎[新訂版]
野口健一郎著　２色刷・Ａ５・本体1850円
（サイエンス社発行）

ネットワーク概論
村山優子著　Ａ５・本体1500円
（サイエンス社発行）

＊表示価格は全て税抜きです．

発行・数理工学社／発売・サイエンス社